高等院校海洋科学专业规划教材

海洋科学认识实习

Cognition Practice of Marine Science

刘欢◎编

中山大學出版社
SUN YAT-SEN UNIVERSITY PRESS
·广州·

内容提要

本书是针对海洋专业大学本科一年级野外认识实习所编的教程。全书共分5章：第1章介绍认识实习的目的、意义、内容和要求；第2章介绍认识实习所涉及的知识要点；第3章介绍认识实习的基本方法和常用技能；第4章介绍20个认识实习的野外考察案例，涵盖了典型的海岸类型（如基岩海岸、砂质海岸、生物海岸等）和河口、海洋气象、海洋环境、海洋科技和海洋文化；第5章列举认识实习的报告样本。本书图文共茂，理论要点与实际案例相结合，可供涉海相关专业（如物理海洋学、河口海岸学、海洋环境学等）及其他海洋爱好者参与。

图书在版编目（CIP）数据

海洋科学认识实习/刘欢编．—广州：中山大学出版社，2020.10
（高等院校海洋科学专业规划教材）
ISBN 978-7-306-06935-1

Ⅰ.①海…　Ⅱ.①刘…　Ⅲ.①海洋学—教育实习—高等学校—教材
Ⅳ.①P7-45

中国版本图书馆CIP数据核字（2020）第152123号

Haiyang Kexue Renshi Shixi

出 版 人：王天琪
策划编辑：邓子华
责任编辑：邓子华
封面设计：林绵华
责任校对：王　璞
责任技编：何雅涛
出版发行：中山大学出版社
电　　话：编辑部 020-84111996，84113349，84111997，84110779
　　　　　发行部 020-84111998，84111981，84111160
地　　址：广州市新港西路135号
邮　　编：510275　　　　传　　真：020-84036565
网　　址：http://www.zsup.com.cn　　E-mail：zdcbs@mail.sysu.edu.cn
印 刷 者：广州市友盛彩印有限公司
规　　格：787mm×1092mm　1/16　12印张　190千字
版次印次：2020年10月第1版　2020年10月第1次印刷
定　　价：48.00元

《高等院校海洋科学专业规划教材》
编审委员会

总　　序

海洋与国家安全和权益维护、人类生存和可持续发展、全球气候变化、油气和某些金属矿产等战略性资源保障等息息相关。贯彻落实“海洋强国”建设和“一带一路”倡议，不仅需要高端人才的持续汇集，实现关键技术的突破和超越，而且需要培养一大批了解海洋知识、掌握海洋科技、精通海洋事务的卓越拔尖人才。

海洋科学涉及领域极为宽广，几乎涵盖了传统所熟知的“陆地学科”。当前海洋科学更加强调整体观、系统观的研究思路，从单一学科向多学科交叉融合的趋势发展十分明显。在海洋科学的本科人才培养中，如何解决“广博”与“专深”的关系，十分关键。基于此，我们本着“博学专长”的理念，按照“243”思路，构建“学科大类→专业方向→综合提升”专业课程体系。其中，学科大类板块设置基础和核心2类课程，以培养宽广知识面，让学生掌握海洋科学理论基础和核心知识；专业方向板块从第四学期开始，按海洋生物、海洋地质、物理海洋和海洋化学4个方向，进行“四选一”分流，让学生掌握扎实的专业知识；综合提升板块设置选修课、实践课和毕业论文3个模块，以推动学生更自主、个性化、综合性地学习，提高其专业素养。

相对于数学、物理学、化学、生物学、地质学等专业，海洋科学专业开办时间较短，教材积累相对欠缺，部分课程尚无正式教材，部分课程虽有教材但专业适用性不理想或知识内容较为陈旧。我们基于“243”课程体系，固化课程内容，建设海洋科学专业系列教材：一是引进、翻译和出版 *Descriptive Physical Oceanography: An Introduction*（6th ed）（《物理海洋学·第6版》）、*Chemical Oceanography*（4th ed）（《化学海洋学·第4版》）、*Biological Oceanography*（2nd ed）（《生物海洋学·第2版》）、

Introduction to Satellite Oceanography（《卫星海洋学》）等原版教材；二是编著、出版《海洋植物学》《海洋仪器分析》《海岸动力地貌学》《海洋地图与测量学》《海洋污染与毒理》《海洋气象学》《海洋观测技术》《海洋油气地质学》等理论课教材；三是编著、出版《海洋沉积动力学实验》《海洋化学实验》《海洋动物学实验》《海洋生态学实验》《海洋微生物学实验》《海洋科学专业实习》《海洋科学综合实习》等实验教材或实习指导书，预计最终将出版40多部系列教材。

教材建设是高校的基础建设，对实现人才培养目标起着重要作用。在教育部、广东省和中山大学等教学质量工程项目的支持下，我们以教师为主体，及时把本学科发展的新成果引入教材，并突出以学生为中心，使教学内容更具针对性和适用性。谨此对所有参与系列教材建设的教师和学生表示感谢。

系列教材建设是一项长期持续的过程，我们致力于突出前沿性、科学性和适用性，并强调内容的衔接，以形成完整知识体系。

因时间仓促，教材中难免有所不足和疏漏，敬请不吝指正。

《高等院校海洋科学专业规划教材》编审委员会

前　言

海洋科学是一门以观测为基础的自然科学，实践性是它的一个基本而显著的特点。实践教学是学生理解海洋科学知识、培养自主创新意识、发挥团队协作精神、提高驾驭海洋能力的重要手段。因此，海洋科学认识实习是海洋科学专业教学开展的一门必不可少的实践课程，是将课堂理论与现场实践紧密联系的有效途径。自 2012 年，编者就开始参与讲授海洋科学认识实习这门课程。作为一门以实践为主的课程，多年来海洋科学认识实习一直缺乏一本较有针对性的教材。鉴于此，基于近十年来的教学经验和带队实习经历，编者整理、归纳了相关的知识要点和实习案例，并汇编成此书。

本书紧扣海洋科学认识实习教学大纲，围绕海洋科学的主要基础知识，将海洋科学导论教学内容和现场实践紧密结合，包括认识实习知识要点、认识实习基本方法和技能，以及认识实习野外考察案例三个主要部分。通过对 20 个典型的海岸水文与地质地貌现象进行观察、描述和分析，让学生获得海洋基本知识的感性认识，使他们了解野外海洋与地质地貌工作的基本技能，激发他们认识海洋、研究海洋的兴趣。本书的最后一章是认识实习报告样本，是根据以往实习课程中的实际报告编写，原味地展现实习过程中观察到的现象和分析的过程，可供学生参考。

本书在编写和出版的过程中得到中山大学海洋科学学院领导的关心和帮助，谨此表示衷心的感谢。在实习的过程中，中山大学海洋科学学院的教师吴加学、邱春华、邓俊杰、杨颖、杨金鹏、杨日魁等参与带队和讲解工作，中山大学海洋科学学院的研究生也参与部分协调、组织工作，在此一并表示感谢。

由于时间仓促，加之编者水平有限，书中难免会出现疏漏和错误的地方，望广大读者批评指正。

编者

2020 年 6 月

目　录

第 1 章　绪论 …… 1
1.1　实习的意义和目的 …… 3
1.2　实习的内容和要求 …… 4
1.2.1　实习内容 …… 4
1.2.2　实习的基本要求 …… 5
1.3　实习的注意事项和成绩评定 …… 5
1.3.1　注意事项 …… 5
1.3.2　成绩评定 …… 6

第 2 章　认识实习知识要点 …… 7
2.1　海水的运动 …… 9
2.1.1　潮汐 …… 9
2.1.2　潮流 …… 12
2.1.3　波浪 …… 14
2.1.4　其他海洋动力 …… 21
2.2　海洋沉积物和输移 …… 22
2.2.1　沉积物来源 …… 22
2.2.2　沉积物表示方法 …… 23
2.2.3　沉积物输移 …… 30
2.2.4　沉积构造和层序 …… 34
2.3　大气与海洋 …… 37

2.3.1 海洋上的天气系统 …… 37
2.3.2 海洋与大气的相互作用 …… 42
2.4 海岸和河口 …… 43
2.4.1 海岸定义和分类 …… 43
2.4.2 基岩海岸 …… 44
2.4.3 砂质海岸 …… 47
2.4.4 淤泥质海岸 …… 52
2.4.5 生物海岸 …… 54
2.4.6 河口定义和分类 …… 55

第3章 认识实习的基本方法和常用技能 …… 67
3.1 野外实习常用工具和使用方法 …… 69
3.1.1 地质罗盘 …… 69
3.1.2 皮尺 …… 73
3.1.3 手持式全球定位仪 GPS …… 73
3.1.4 海图 …… 75
3.2 野外记录簿的使用 …… 77
3.2.1 记录格式与规范 …… 77
3.2.2 室内整理 …… 79
3.3 野外沉积剖面的观测 …… 80
3.3.1 材料和工具 …… 80
3.3.2 观测点的选择与挖掘 …… 80
3.3.3 剖面特征观测与记录 …… 81
3.3.4 样品采集 …… 82

第4章 认识实习野外考察案例 …… 83
4.1 考察线路 …… 85
4.2 深圳市大鹏湾半岛杨梅坑 …… 87
4.2.1 站点介绍 …… 87

4.2.2　考察内容 …… 88
4.2.3　实习要求 …… 89
4.3　广州市七星岗古海蚀遗址 …… 89
4.3.1　站点介绍 …… 89
4.3.2　考察内容 …… 92
4.3.3　实习要求 …… 93
4.4　中山市黄圃镇石岭山海蚀遗迹 …… 93
4.4.1　站点介绍 …… 93
4.4.2　考察内容 …… 94
4.4.3　实习要求 …… 94
4.5　惠州市双月湾 …… 96
4.5.1　站点介绍 …… 96
4.5.2　考察内容 …… 97
4.5.3　实习要求 …… 98
4.6　阳江市海陵岛 …… 98
4.6.1　站点介绍 …… 98
4.6.2　考察内容 …… 99
4.6.3　实习要求 …… 100
4.7　深圳市大鹏湾半岛西涌海滩 …… 100
4.7.1　站点介绍 …… 100
4.7.2　考察内容 …… 103
4.7.3　实习要求 …… 103
4.8　茂名市水东港 …… 104
4.8.1　站点介绍 …… 104
4.8.2　考察内容 …… 106
4.8.3　实习要求 …… 106
4.9　海口市澄迈县东水港 …… 107
4.9.1　站点介绍 …… 107
4.9.2　考察内容 …… 108

4.9.3 实习要求 …… 110
4.10 深圳福田红树林保护区 …… 110
4.10.1 站点介绍 …… 110
4.10.2 考察内容 …… 112
4.10.3 实习要求 …… 112
4.11 湛江市红树林保护区 …… 112
4.11.1 站点介绍 …… 112
4.11.2 考察内容 …… 114
4.11.3 实习要求 …… 114
4.12 阳江市漠阳江河口 …… 115
4.12.1 站点介绍 …… 115
4.12.2 考察内容 …… 115
4.12.3 实习要求 …… 116
4.13 汕尾市陆丰螺河河口 …… 117
4.13.1 站点介绍 …… 117
4.13.2 考察内容 …… 118
4.13.3 实习要求 …… 118
4.14 海口市南渡江河口 …… 119
4.14.1 站点介绍 …… 119
4.14.2 考察内容 …… 121
4.14.3 实习要求 …… 121
4.15 博鳌镇万泉河口 …… 121
4.15.1 站点介绍 …… 121
4.15.2 考察内容 …… 124
4.15.3 实习要求 …… 124
4.16 茂名市博贺海洋气象基地 …… 124
4.16.1 站点介绍 …… 124
4.16.2 考察内容 …… 126
4.16.3 实习要求 …… 127

4.17 东莞市海洋与渔业环境监测站 …… 127
4.17.1 站点介绍 …… 127
4.17.2 考察内容 …… 129
4.17.3 实习要求 …… 130
4.18 深圳盐田海洋生态环保服务中心 …… 130
4.18.1 站点介绍 …… 130
4.18.2 考察内容 …… 132
4.18.3 实习要求 …… 132
4.19 湛江市海洋环境与渔业监测站 …… 132
4.19.1 站点介绍 …… 132
4.19.2 考察内容 …… 133
4.19.3 实习要求 …… 133
4.20 中国科学院深海科学与工程研究所 …… 134
4.20.1 站点介绍 …… 134
4.20.2 考察内容 …… 136
4.20.3 实习要求 …… 136
4.21 广东海上丝绸之路博物馆 …… 137

第5章 认识实习报告样本 …… 141
5.1 认识实习报告的写作 …… 143
5.2 认识实习报告样本 …… 145
5.2.1 报告样本1：惠州双月湾东西侧弧形海岸地貌特征及试探讨其水动力成因 …… 145
5.2.2 报告样本2：水东港沙坝–潟湖海岸特征及人类活动的影响 …… 155
5.2.3 报告样本3：南渡江河口三角洲地貌特征及人类活动影响 …… 165

参考文献 …… 174

第1章 绪论

1.1 实习的意义和目的

海洋科学是研究海洋的自然现象、性质及其变化规律，以及与开发利用海洋有关的知识体系。它的研究对象是占地球表面71%的海洋，包括海水、溶解和悬浮于海水中的物质、生活于海洋中的生物、海底沉积和海底岩石圈，以及海面上的大气边界层和河口海岸带。19 世纪 40 年代以来，海洋科学专业在物理学、化学、生物学、地理学背景下发展起来，逐步形成海洋气象学、物理海洋学、海洋化学、海洋生物学和海洋地质学等专业，包括物理海洋学、海洋地质与地球物理学、海洋化学、海洋生物学、海洋环境科学、河口海岸学等分支学科。海洋科学的研究领域十分广泛。海洋本身的整体性、海洋中各种自然过程相互作用的复杂性，以及海洋研究中所采用的方法和手段的相似性，使海洋科学成为一门综合性很强的学科。随着我国提出“加快推进建设海洋强国”的战略，涉海高校亟须培养一批应用型创新海洋技术人才。这就需要在现代化教学过程中，增强学生对海洋科学的整体认识，加深学生对海洋科学的基本理论及基本知识的认识和理解，培养学生观察问题、分析问题及实际动手的能力，让他们善于把书本上学到的理论知识与实践相结合，为以后的海洋课程学习打下坚实的基础。海洋科学野外专业实习是海洋科学专业教学开展的一门必不可少的实践课程，是将课堂理论和现场实践紧密联系的有效途径。

中山大学海洋科学学院根据本专业教学大纲的要求，在本科一年级第二学期开设海洋科学认识实习课程。通过认识实习，主要达到的目的如下。

（1）在教师指导下，通过野外典型、直观的海岸水文与地质地貌现象的观察、描述和分析，让学生获得海岸水文、地质地貌等基本知识的感性认识，使学生树立海洋的观念，激发学生认识海洋、探索海洋、研究海洋的兴趣，从而树立献身海洋科学事业的积极学习态度。

（2）通过野外考察，培养学生艰苦奋斗的品格、实事求是的科学态度，提高他们的身体素质。

（3）让学生掌握野外海洋与地质地貌工作的基本技能，学习野外记录的基本方法，掌握根据野外现象和现场资料综合分析、编写实习报告的方法。

1.2 实习的内容和要求

1.2.1 实习内容

（1）认识典型的近岸海洋动力过程与地质地貌现象。

A. 认识海洋气象、波浪、潮汐、海流、泥沙输移等动力过程。

B. 认识海岸侵蚀地貌与堆积地形地貌。

C. 认识沙滩、沙坝－潟湖、河口、三角洲、生物海岸等基本海岸类型。

D. 认识古海蚀遗迹与海平面变化。

（2）掌握基本野外工作技能。

A. 利用地形、地物在地形图上标定观察点位置。

B. 掌握地质罗盘的使用方法。

C. 掌握野外记录簿的内容、格式、要求。

D. 掌握沉积剖面的挖掘、观测、记录方法，以及野外样品的采集。

E. 编写野外实习报告。

（3）进行交流访谈，做学术报告。

A. 参观相关海洋机构，如海洋气象观测站、海洋与渔业环境监测站、海洋生态环保服务中心、中国科学院深海科学与工程研究所等，了解各种海洋气象观测仪器的工作原理和使用方法，认识海洋环境及水产品质量的日常监测，熟悉海洋环境监测的主要仪器设备。

B. 实习带队教师组织学术讲座，介绍物理海洋、海洋地质、海洋化学、海洋生物等学科的知识要点和研究进展。

1.2.2　实习的基本要求

（1）野外实习前进行实习总动员，带队教师通过集中讲解，介绍实习内容，强调野外实习纪律，让学生对实习涉及的基本理论和知识要点有所了解。

（2）野外实习过程中的记录及观察分小组进行，小组中的每个学生都必须亲自操作，学习并掌握野外观察、测量、记录等的基本方法。

（3）实习结束后，每个学生提交1份实习报告。

1.3　实习的注意事项和成绩评定

1.3.1　注意事项

（1）带齐个人物品，如身份证、学生证等，调整好自己的着装，尽量穿着长袖衣物、运动鞋，不得穿拖鞋。

（2）一切行动听从带队教师的指挥，遵守组织纪律。要有集体观念，不得单独行动。有事外出前必须事先请假，按时归队，不得擅自离开队伍。

（3）野外行动时要注意安全，爬山时不要将石头踩翻，避免伤及其他同学，远离草丛、灌木丛等，防止蛇、蜂、毒虫等叮咬。

（4）严禁下水游泳。

（5）除采集实习需要用的样品外，不得随意砍挖植被，破坏自然环境。

（6）同学之间互相关心，互相帮助，团结友爱，与人交往注意文明礼貌，不惹是生非。

（7）爱护公共财物，保管好实习用具、仪器等，实习结束后全部交回。

1.3.2 成绩评定

考核内容：包括学生野外表现和个人实习报告。

成绩评定：野外工作技能（20分）、野外记录簿（20分）、实习表现（10分）、实习报告（50分）。60分为及格，90分及以上为优秀。

考核方式如下。

（1）实习期间，可能安排口试和实习工具的使用考核，用以评定野外工作技能。

（2）交流访谈、学术讲座的提问与讨论，作为实习表现成绩评定的重要参考。

（3）野外记录簿需在野外完成，返校后整理，连同实习报告一起上交。

（4）实习报告在实习结束后1周内完成，报告格式参考学术论文格式，包括图表、参考文献等，报告的内容应以自己获取的资料为主，严禁抄袭书本或互相抄袭，全文5000字左右。

第2章 认识实习知识要点

2.1 海水的运动

2.1.1 潮汐

潮汐是人类在海洋研究历史上较早关注的海洋现象。“潮汐”一词最早出现在《管子》一书：“潮（朝）汐（夕）迎之，则遂行而上。”说明那时候的人们已经开始对潮汐有了较清楚的认识。在东晋时期，又有葛洪的资料记载：“潮者，据朝来也，汐者，言夕至也。”如今我们依然沿用这个说法，白天的潮汐被称为潮，夜间的潮汐被称为汐。潮汐现象实际上是由于海水在天体（主要是月球和太阳）引潮力作用下所产生的周期性运动，它和人类的生活息息相关，在习惯上把海面铅直向涨落称为潮汐，把海水在水平方向的流动称为潮流。

1. 潮汐的产生

据资料记载，我国人民在西汉时期就已经认识到潮汐与月球的运动相关。1687 年，牛顿利用万有引力定律解释潮汐现象。在他的著作《自然哲学的数学原理》中，牛顿提出一个假想的理想条件，认为天体的引力会在地球的海洋表面上形成一个平衡潮面，在面对和背对着天体的点都将形成水面的隆起，随着地球的自转，地球上部分海域一天内出现两次高潮和两次低潮的现象。牛顿的研究还指出，潮汐的潮差与天体的质量成正比，与天体到地球的距离成反比。这也是人类首次运用科学规律来解释潮汐现象。

引起潮汐的原因非常复杂，但其主要因素是天体间的引力对地球上海洋水体的作用。其中，引力较大的天体主要是月球和太阳，其他天体的引力大小相对于前两者而言十分微小，可以忽略。天体对地球上海洋水体的引力被称为引潮力。引潮力可以分解为两部分。以月球引潮力为例，第一部分是由月球和地球间的万有引力引起的，根据牛顿的万有引力定律，在地球上的任何一点 P 都受到了月球的引力。在地球上的不同地方，月球对该处的引力方向不同、大小也不等，其引力的方向指向月球的中心，大小与该处到月心距离的平方成反比，即：

$$f_g = G\frac{M}{D^2} \tag{2.1}$$

式中，M 为月球的质量，G 为万有引力常数，D 为该点到月心距离。

第二部分是由月球和地球围绕着他们的共同质心公转时产生的离心力引起。地月之间构成一个互相吸引的引力系统，并且形成双体公转，其质心位于距地心 0.73 倍地球半径处。地球时刻绕着该质心公转，因此，在地球上的不同地方都存在一个公转离心力。其大小相等，方向相同，且方向与地月心的连线平行，背向月球。

$$f_c = G\frac{M}{L^2} \tag{2.2}$$

式中，L 为该点到月心的距离。

由以上分析可知，月球对地球某点 P 处的引潮力就是万有引力和公转离心力的合力。例如，图 2－1 中的 A 点为月球直射点，万有引力大于离心力，合力指向月球，在 A 处水面隆起形成涨潮。在 A 点相对的 B 点，万有引力小于离心力，合力背离月球，因此，B 处水面隆起形成涨潮。而在 C 点和 D 点，引力和离心力的合力指向地球，因此，在 C 点和 D 点处水面凹陷，形成落潮。考虑到地球的自转，则上述的 A、B、C 和 D 各点在一天内都经历两次的涨潮和落潮，形成规律的潮汐现象。

与月球对地球的引潮力相似，太阳也会对地球产生较大的引潮力。由以上分析可知，引潮力与天体质量成正比，与距离的三次方成反比。虽然太阳的质量比月球的大得多，但是由于距离较远，经理论计算，太阳对地球的引潮力仅为月球的 0.46 倍。此外，由于月球围绕地球公转的轨道面（白道）和地球绕太阳公转的轨道面（黄道）与地球的赤道面都存在交角。黄赤交角的范围在 0 ～ 23°27′，回归周期为 1 年。白赤交角的范围在 18°18′～ 28°36′，周期为 18.61 年。考虑上述因素的存在，地球上不同地点在不同时间内就会出现不同类型的潮汐类型。

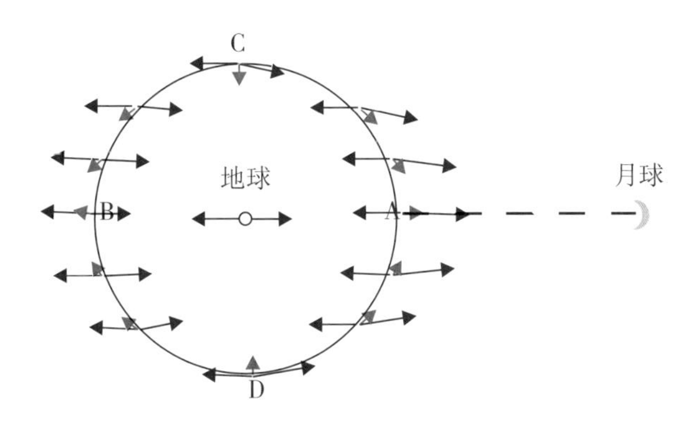

图2－1　公转离心力、月球引力和引潮力矢量

←惯性离心力；←月球引力；←引潮力。

2. 潮汐要素

图2－2表示潮位涨落的过程曲线，其中，纵坐标是潮位高度，横坐标是时间。潮流方向指向海岸，海水面升高的过程被称为涨潮。潮流背向海岸，海水面下降的过程被称为落潮。涨潮时潮位不断增高，达到一定的高度以后，潮位短时间内不涨也不退，被称为平潮。平潮的中间时刻被称为高潮时。平潮过后，潮位开始下降。当潮位退到最低的时候，与平潮情况类似，也发生潮位不退不涨的现象，被称为停潮，其中间时刻为低潮时。停潮过后潮位又开始上涨，如此周而复始地运动着。从低潮时到高潮时的时间间隔被称为涨潮时，从高潮时到低潮时的时间间隔则被称为落潮时。一般来说，涨潮时和落潮时在许多地方并非等长。海面上涨到最高位置时的高度被称为高潮高，下降到最低位置时的高度被称为低潮高，相邻的高潮高与低潮高之差被称为潮差。

3. 潮汐类型

根据潮汐涨落的周期和潮差的情况，可以把潮汐大体分为如下的4种类型：①正规半日潮，在1个太阴日（约0时50分）内，有2次高潮和2次低潮，从高潮到低潮和从低潮到高潮的潮差几乎相等。②不正规半日潮，在1个朔望月中的大多数日子里，每个太阴日内一般可有2次高潮和

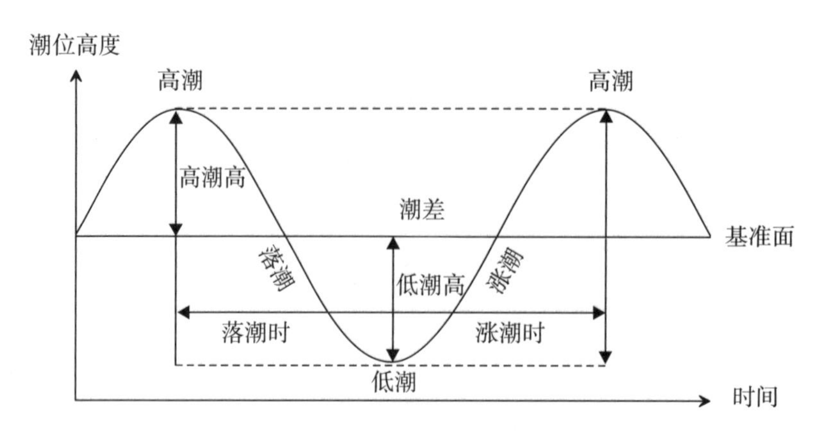

图2－2　潮汐要素示意

2 次低潮；但有少数日子（当月赤纬较大的时候），第 2 次高潮很小，半日潮特征不显著。③正规日潮（或正规全日潮），在 1 个太阴日内只有 1 次高潮和 1 次低潮。④不正规日潮，在 1 个朔望月中的大多数日子里具有日潮型的特征，但有少数日子（当月赤纬接近零的时候）具有半日潮的特征。

4．潮汐不等现象

在一天之中，如果出现两个潮的潮差不等，涨潮时和落潮时也不等，则把这种不规则现象称为潮汐的日不等现象。高潮中比较高的一个被称为高高潮，比较低的被称为低高潮；低潮中比较低的叫低低潮，比较高的叫高低潮。除了日不等、潮汐不等现象还包括月不等（半月不等）、年不等（季节不等）和多年不等。

2.1.2　潮流

潮流是指海水在水平方向上的流动。潮流的类型十分复杂，除了有周期性的潮流，还有非周期性的风海流、密度流等海流。实际上，我们所观测到的潮流的流向、流速等要素，都是潮汐和潮流等共同作用的结果。

1. 潮流的类型

潮流在不同海区所表现的特征并不相同，主要是受到潮汐性质、海洋深度和海底地貌等因素的影响。在多数地区，潮汐的升降与潮流涨退的类型是相似的，即潮汐的上升是外海海水涨潮流流入所致，潮汐的下落是海水流向外海的结果。但在一些地区，潮汐与潮流类型不一致。潮汐与潮流类型是否相似，可用各海区的潮波系统分布来解释。

与潮汐的分类方法类似，潮流依据其不同的情况可以分为正规半日潮流、不正规半日潮流、不正规日潮流和正规日潮流 4 种类型。若按照潮流的流向来分，可以划分为旋转流和往复流两种类型（图 2 -3）。

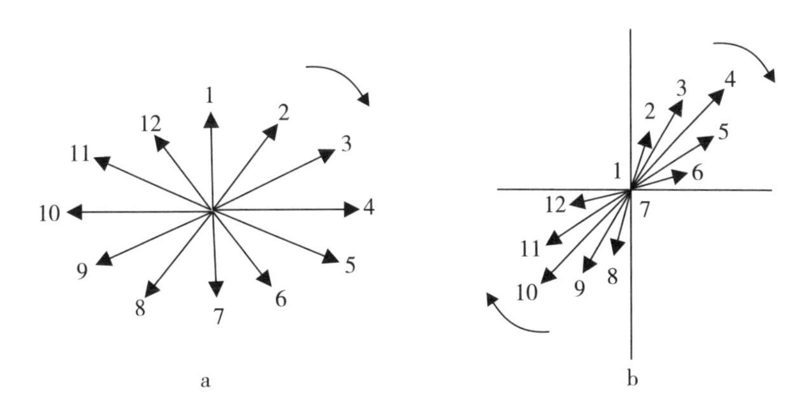

图 2 -3　潮流的两种类型：旋转流和往复流

a：半日周期的旋转流；b：半日周期的往复流。

2. 旋转流

旋转流是潮流运动的普遍形式，它是指不同时刻在同一地点潮流流向的旋转，而不是指潮流中水质点的旋转运动。其产生主要是受海底地形和科氏力的影响，在北半球，潮流的流速方向呈顺时针变化；而在南半球，潮流的方向变化则是逆时针。潮流的旋转次数与潮汐的类型有关，在 1 个太阴日内，在半日潮海域中，潮流旋转 2 次；而在全日潮海域内，潮流则旋转 1 次。

3. 往复流

往复流是旋转流的特殊表现形式。通常在海峡、水道、河口或狭窄港湾内，由于受到长窄地形的影响，潮流的流速主要在2个方向上变化，水体呈现往复式的流动，因而成为往复流。例如在半日潮流海区，在半个周期内潮流大致向着一个方向流动，而在另一半周期内，潮流则转向另一个方向。在1个太阴日的潮周期内，将出现2次方向相反、流速达到最大的时刻称为急流。而在2次潮流流速转向的时刻，流速值很小，甚至为零，此时称为转流或憩流。

4. 潮流与潮汐的关系

在不同的海区内，由于潮波特性的不同，将造成潮流大小和潮汐的变化关系不一致。主要可分为前进波海区和驻波海区。

在前进波海区，潮流的变化和潮汐高低潮的变化相位一致。在1个潮周期内，从落潮到涨潮过程中，由于水面上升形成涨潮潮流。又由于潮流的流速与潮波的传播方向一致，因此，当水面达到最高时，相应的涨潮流流速也达到最大。在落潮阶段，当水面降到半潮面时，此时的潮流流速最小。当落到低潮时，此时水面降到最低，而落潮潮流的流速也达到最大。

在驻波海区内，潮流的变化和潮汐高低潮的变化相位相差90°。在落潮阶段，当水面下降到半潮面位置时，落潮潮流的流速达到最大。而当落到低潮时，水面降到最低，流速也达到最小。与此类似，在涨潮阶段，当水面在上升过程中达到半潮面时，涨潮潮流的流速达到最大。而当涨潮达到高潮时，水面升到最高，涨潮流速达到最小，甚至不流动。

2.1.3 波浪

波动是海水运动最主要的形式之一，从海面到海洋内部处处都可能出现波动。波动的基本特点是，在外力的作用下，水质点离开其平衡位置作周期性或准周期性的运动。由于流体的连续性，必然带动其邻近质点，导

致其运动状态在空间的传播，因此，运动随时间与空间的周期性变化为波动的主要特征。实际上，海洋中的波动是一种十分复杂的现象，严格上来说，它们并非真正的周期运动。但是在做简化时，可以把实际的海洋波动看作是简单波动（正弦波）或简单波动的叠加，简单波动的许多特性可以直接应用于解释海洋波动的性质。

1. 波浪要素

一个简单波动的剖面可用一条正弦曲线加以描述。如图 2－4 所示，曲线的最高点称为波峰，曲线的最低点称为波谷，相邻两波峰（或波谷）之间的水平距离称为波长（λ），相邻两波峰（或者波谷）通过某固定点所经历的时间称为周期（T），显然，波形传播的速度 $C=\lambda/T$。从波峰到波谷之间的铅直距离被称为波高（H），波高的一半 $a=H/2$，被称为振幅，是指水质点离开其平衡位置的向上（或向下）的最大铅直位移。波高与波长之比被称为波陡，以 $\delta=H/\lambda$ 表示。在直角坐标系中取海面为 xoy 平面，设波动沿 X 轴方向传播，波峰在 y 轴方向将形成一条线，该线被称为波峰线，与波峰线垂直指向波浪传播方向的线被称为波向线。

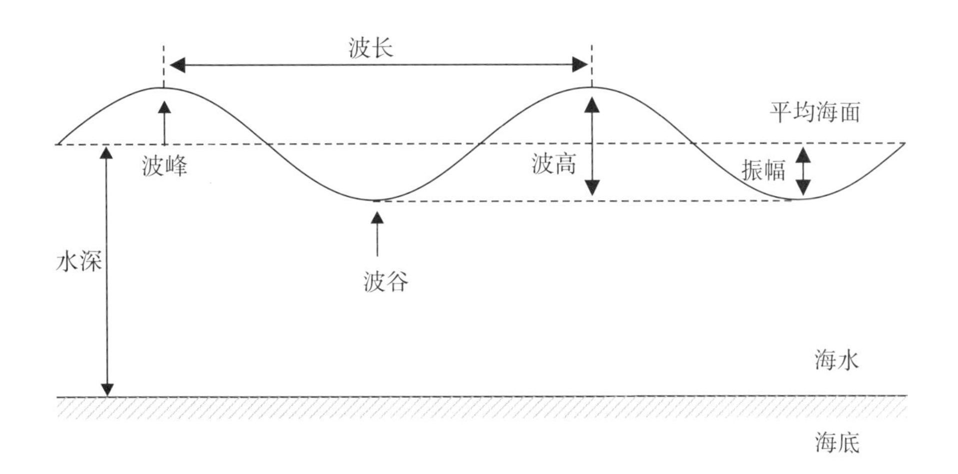

图 2－4　波浪要素示意

2. 波浪的类型

波浪的形态复杂多样，引起波浪的原因也各不相同，如风、天体引力、火山地震、大气压力变化等，所激发的各种波动的周期可从零点几秒到数十小时以上，波高范围从几毫米到几十米，波长也可以从几毫米到几千千米。

海洋波浪分类可从不同角度给出不同的称谓。

（1）按相对水深（水深与波长之比）可将波浪分为深水波（相对水深大于1/2）和浅水波（相对水深小于1/2）。其中，相对水深小于1/20的波浪被称为长波，相对水深为1/20 ～ 1/2 的波浪被称为浅水表面波。在深水波的运动过程中，振幅达不到水底，因此，深水波不受水深的影响，如表面张力波、风波就属于深水波。而长波在运动中整个水深方向上几乎是一致的，因此，受水深的影响很大，如潮汐、风暴潮就属于长波。

（2）按波形的传播与否可分为前进波与驻波。驻波的波浪水体质点只在垂向线上波动，表现为表面作周期性震荡，波形并不向前传播。而前进波则是流体水质点在垂向线上以封闭或近似封闭的轨迹呈周期性运动，表现为波形的向前传播。

（3）按波动发生的位置有表面波、内波和边缘波。表面波发生在水体的表面（空气和水之间），由于水和空气的密度相差近上千倍，在海表面形成的波浪最大的波动值出现在海面，而随着深度的增加，其波动值减小，到达一定深度就会消失。内波则是发生在水体的内部，其主要的产生原因是水体内部由于温度和盐度等的变化形成较大的梯度跃层，在分层界面处受到一些因素的影响。例如，大气压力变化、海底地震、船舶航行等的影响，可能产生内波。内波的振幅较表面波的大，可达几十米至上百米；波长也更长，一般有几百米到上万米。边缘波则主要是沿着边缘岸线传播的波动，其特点是在海岸附近沿着与海岸平行的方向前进。随着离岸距离的增大，波动的振幅将迅速减小。

（4）按成波浪的成因可以分为风浪、涌浪、地震波等。风浪是由当地风产生，且一直处在风的作用之下的海面波动状态。其特征往往是波峰尖削，在海面上的分布很不规律，波峰线短，周期小，当风大时常常出现破碎现象，形成浪花。涌浪则指海面上由其他海区传来，或者当地风力迅速减小、平息，或者风向改变后海面上遗留下来的波动。涌浪的波面比较平坦、光滑，波峰线长，周期、波长都比较大，在海上的传播比较规则。

3. 波浪的传播与变形

波浪的运动传播受到很多因素的影响，如水深、水下地形、风等。在认识实习中常见的波浪现象主要如下。

（1）波浪在浅水中的传播。波浪从外海传播到近岸浅水的过程中，当相对波长小于 1/2 时，波浪在水中的运动将触及水底。波浪的水质点由于受到水底的摩擦作用，其运动轨迹将逐渐从圆形转变为椭圆形。海底的摩擦阻力在波谷经过时将比波峰经过时大，质点轨迹垂向上的下半段较上半段减小更快，因而水体质点呈现下部扁平而上部凸起，且运动的速度也发生变化。在近岸的某点，当波峰经过时，水质点位于轨迹上部，向岸方向流动，流速较快；当波谷经过时，水质点位于轨迹下部，流向外海方向，且因受到海底的摩擦影响，流速较慢。从空间上看，水质点轨迹的垂向轴减小比水平轴快，轨道呈现扁平的椭圆状。随着波浪逐渐向岸传播，水深越来越浅，水质点向岸和向海的速度差异越来越大。

当水深较大时，如在大洋中，涌浪的剖面十分接近正弦曲线，波峰长且低。当波浪传播到浅水区域后，水深约为 1/2 波长时，波浪开始触及水底，导致波速和波长逐渐减小，波高增大，但波的周期保持不变。以上是波浪传播到浅水区域的主要特性。

（2）波浪的反射、折射和绕射。波浪的反射，是指波浪在传播过程中遇到障碍物时，可将波浪的波能传递回原水域中的现象。假设当波浪遇到的是理想的光滑铅直平面障壁时，波能完全反射回原水域，则称为“完全反射”。与光学的反射类似，波的完全反射其入射角等于反射角，此时入射波的波系与反射波的波系将叠加在一起，形成驻波性质的干涉波，其振幅为原入射波的 2 倍。事实上，现实中的波反射都不是完全反射，当波浪遇到实际障碍物而反射时，部分波能可能以渗透波的方式渗入有孔的建筑物内，或因摩擦作用、波面破碎等非线性效应而损耗，只有一部分波能反射回原水域，此时则被称之为“部分反射”。波浪的反射是近岸海水运动的一个重要过程，如涌浪和风浪只在陡峭的海岸上发生反射，并在海堤和峭壁处垂直于海岸线形成。而非重力流则可能在低梯度的砂质海岸处发生反射。有研究显示，近岸沙坝的形成与波浪反射形成的驻波有关。

波浪的折射是指当波浪传播进入浅水区时，若波向线和等深线不垂直而成一定的偏角，则波向线将逐渐偏转，并趋向于和等深线和岸线相垂直的现象。由于近岸处的水深不断变浅，波浪在传播过程中受变浅地形的影响，位于浅处的水质点流速较深处的流速小，传播轨迹上水体速度随水深逐渐变小，波峰线也逐渐偏转，并在向岸时逐渐平行于等深线，因此，波向线也逐渐垂直于岸线。当水下地形和不规则的岸线导致等深线曲折时，波浪折射可使某些段落波峰线拉长，也可使另一些段落波峰线缩短，波高也相应发生变化，从而使波能出现辐聚和辐散现象，导致海岸的侵蚀与沉积作用发生。例如，在凸出的岬角处波浪出现辐聚，能量集中，波浪较大，海岸受蚀；在凹入的海湾处波浪出现辐散，波能扩散，产生沉积（图2－5）。

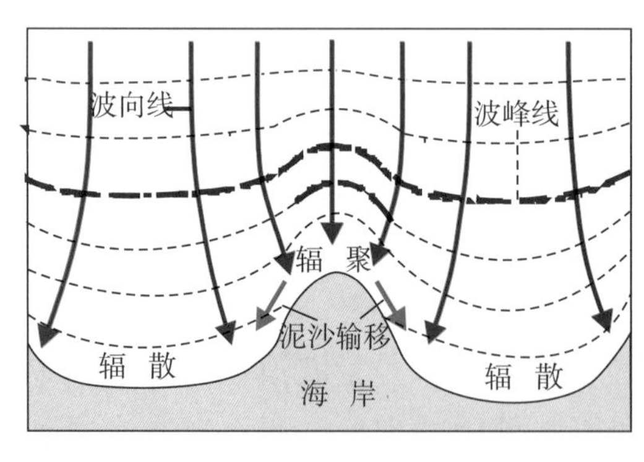

a

b

图2－5　波浪折射示意

a：波浪折射示意；b：波浪折射现场。

波浪的绕射是指波浪在传播过程中遇到凸起的障碍物末端时，若此时

的水深变化不大，则波峰线会发生弯曲并一列列地绕过障碍物的后部，向被障碍物掩蔽的区域传播和扩散的现象。波浪绕射时阻断波能的传播通路，形成一个波影区。波浪绕射有时还能将波能渗入这个波影区内，引起波高的增大，从而影响该区域内的船只停泊。在绕射过程中，波能沿波峰从波高大的区域向波高小的区域横向传递。绕射区内的波浪被称为散射波。波浪绕射是波浪从能量高的区域向能量低的区域进行重新分布的过程。当波浪传入近岸，因受防波堤等障碍物的阻拦，将从低端侵入堤内的隐蔽水域，波峰线变形，改变波浪前进方向，能量在前进方向的一侧扩散，波高递减，但波周保持不变（图2－6）。

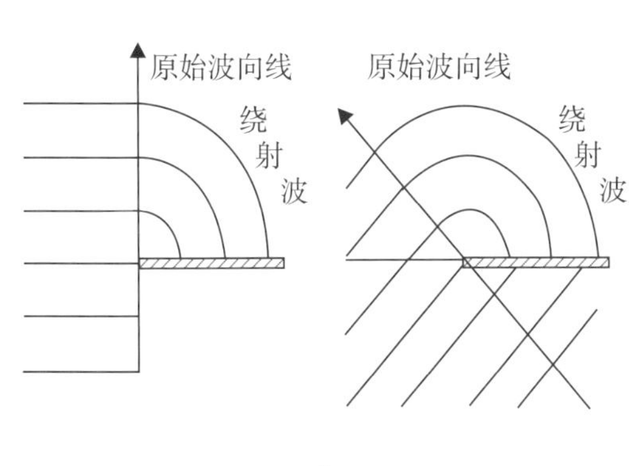

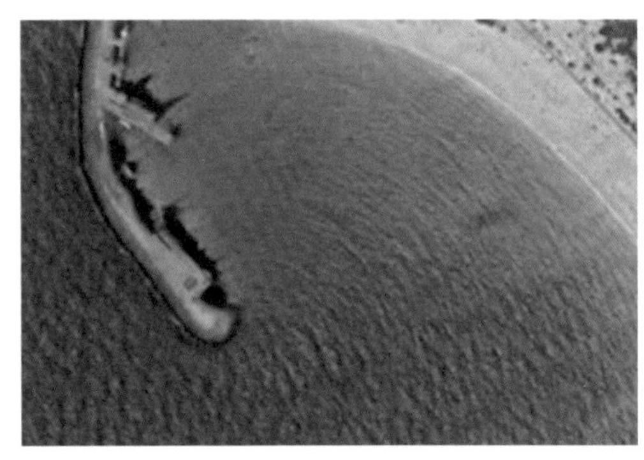

a　　　　　　　　　　　　　　　　　　b

图2－6　受防波堤影响的波浪绕射

a：波浪绕射示意；b：波浪绕射现场。

（3）波浪的破碎。在海洋中风大时，波陡达到一定值，波浪开始破碎。当海浪传到浅水后，由于波长变短，波高增大，波陡迅速增大，波浪也可发生破碎。由于海底摩擦作用，以及波峰处的水深大，从而相速也大；而在波谷处，由于水深浅，相速也小，导致波面变形。在波峰时水质点在上部，其流速较大；在波谷时水质点在底部，流速较小，这样波峰向前移动，波的前坡变陡。当波浪到达水深和波高大致相当的区域时，就发生破碎，使得波峰向前倾倒崩裂为气泡或浪花。

波浪在达到海岸时，会在不同的地方发生破碎。最大的波会在最远的地方破碎，最小的波会在离岸更近的地方破碎。发生波浪破碎（简称为“破波”）的区域被称为破波带（或破波区）。影响破波的因素不同，因而产生的破波类型也不同。主要的破波类型包括崩波、卷波和激波（图2－7）。

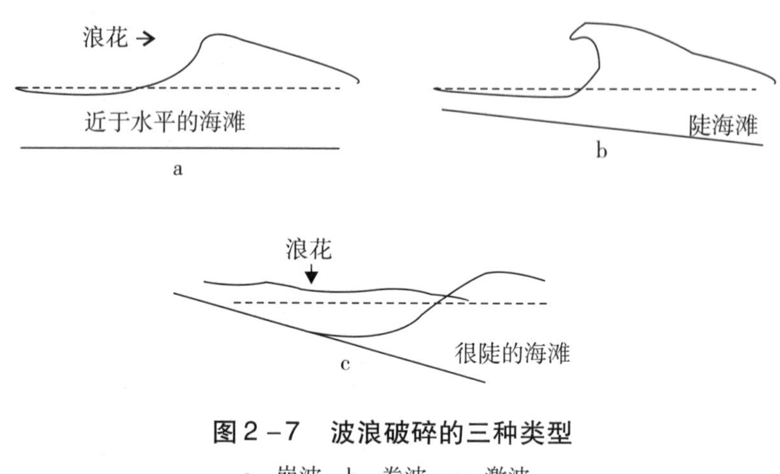

图2－7　波浪破碎的三种类型

a：崩波；b：卷波；c：激波。

（1）崩波。崩波主要是由较陡峭的波浪传播到梯度较平缓的海滩上而产生。当入射的波浪较陡，离岸越近，波高不断增大，直到波峰变得不稳定而崩裂，并以气泡或浪花的形式倾落。崩波的波浪力较小，是最安全的波浪，常出现在岸滩平缓或有掩蔽的海湾区域中。有时在高潮位时的海滩上也有崩波的产生。

（2）卷波。当海滩的峭度比崩波海滩更大时，外海的波浪向海岸传播过程中，波浪逐渐变为直立，进而在上部逐渐变得弯曲，最后整个水体在重力作用下向前下方倾倒，产生卷波。卷波的能量较崩波高，常发生在低潮位中等峭度的海滩上。

（3）激波。波浪在传播到陡峭的海岸上时，波的前部和波峰都较平缓，由于水深较大，波浪沿着底部下滑而不发生破碎。而波浪前部则向上隆起但未倾倒，同时，波浪的底部能量巨大，向上部冲击致使波峰崩溃消失，产生激波。激波常发生在陡峭的海滩上，一般传播不到岸边，在离岸较远的深水区域就发生破碎，其大部分的能量都被反射到海岸上。激波是

最危险的波浪，它的能量巨大，足以打翻人或船只并将其带往深水处。

2.1.4 其他海洋动力

海流是指范围较大、相对稳定的水平和垂直方向的海水的非周期性运动，是海水重要的普遍运动形式之一。海流一般是三维的，即不但在水平方向流动，而且在铅直方向上也存在流动。由于海洋的水平尺度（为数百至数千千米甚至上万千米）远远大于其铅直尺度，因此，水平方向的流动远比铅直方向上的流动强得多。习惯上常把海流的水平运动分量狭义地称为海流，而其铅直分量单独命名为上升流和下降流。海流形成的原因主要有两个，一是由于受海面风的作用而产生的海流，被称为风海流或漂流；二是由海面受热冷却、蒸发降水等不均所产生的温度或盐度不均匀，从而导致密度不均匀而形成的海流，又被称为密度流或热盐环流。

沿着局部浅海海岸流动的海流又称沿岸流，主要包括由于风力作用或河流入海形成的沿着局部海岸流动的海流，以及在海岸带由于波浪作用形成的近岸流系。中国近海的沿岸流主要包括黄海沿岸流、东海沿岸流和南海沿岸流。它们都是由河水和海水相互混合形成、具有淡水性质的低盐水流。

裂流又被称为离岸流，是海浪和水深地形共同作用下的海岸边一股射束式的狭窄而强劲的水流，由破波带向外海流动，靠沿岸流系维持。在两相邻裂流之间的中部位置流速为零，而在刚刚向海转变为裂流之前的位置达到其最大流速值。为了补偿通过裂流向海运动的水量，必然存在着水体向岸运动的缓慢质量输移。通过两裂流之间的区域内起补偿作用的沿岸流，与裂流共同构成近岸带的环流系统（图 2－8）。

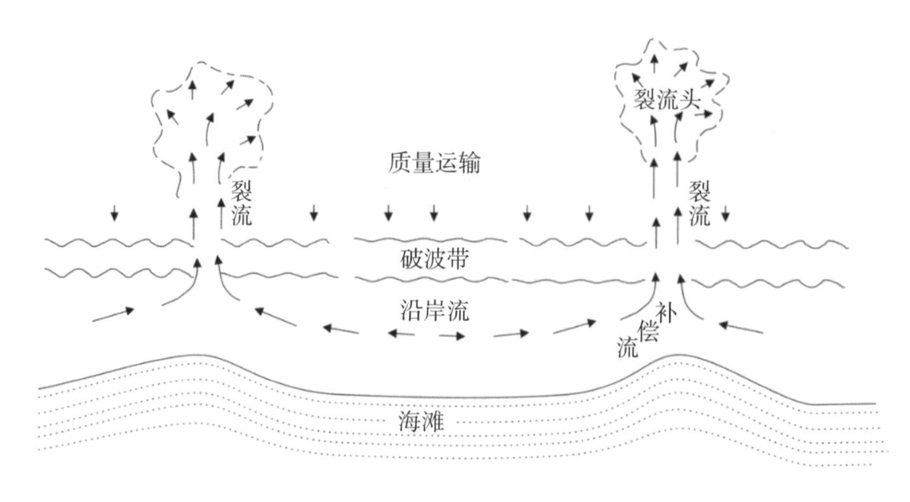

图2-8　近岸环流系统

2.2　海洋沉积物和输移

2.2.1　沉积物来源

海洋沉积物是指受风、波浪、潮汐、水流和重力等物理因素影响而运动的有机和无机的松散物质。海洋沉积物是塑造海洋地貌的主要物质源。探究沉积物的来源，对建立海洋地貌演变理论、模拟海水动力变化等有重要意义。

海洋沉积物的来源主要有两个方面：一方面，是由自身内部环境产生，被称为原生环境引入的沉积物。这方面主要包含生活在本地环境中的有机生物体，以及原生环境的海水中存在溶解性矿物质所沉淀析出的细颗粒物质。例如，常见的原生沉积矿物有二氧化硅、生物碳酸盐等。另一方面，则是来自外部环境，被称为外部环境引入的沉积物。在现代全球的海岸环境中，有90%以上的沉积物来自外部环境。外来沉积物主要是由地壳

中的岩石经过化学或物理的作用变成细小的颗粒物质，如常见的石英、黏土矿物等。这些外来沉积物在外力水流、风、波浪等的携带下会搬运至另一个地方而沉积。外来沉积物的搬运，包括季风、波浪、潮流、海流的搬运，以及冰河后期大规模海侵对大陆架原始地形形成沉积的搬运。

具体的沉积物质的来源主要有以下几个：①来源于陆地。在陆地上有很多类型的岩石，如石英、钾长石、碳酸盐类矿石、云母、稀土矿石等，这些岩石经过物理化学的风化等作用，转化成大小不一的碎屑颗粒。这些陆源的物质进入海岸的方式主要是通过河流、风力和流冰等。②来源于河口携带的泥沙。由河流携带的悬沙构成河口海岸水域主要的泥沙部分。这些由径流带来的入海泥沙，大部分是细黏土和粉砂。③来源于海洋。主要是指海水中由生物作用和化学作用形成的各种沉积物，以及由波浪、潮流、海流的海积作用所产生的沉积物。常见的海源沉积物有海洋中大量的生物死亡后的遗体、海水中的无机溶解盐等自生矿物，还有一些藻类、苔藓生物等。④来源于火山活动。由火山活动作用而形成的火山碎屑主要包括大洋裂谷等处溢出的来自地幔的物质。较典型的是夏威夷群岛周围分布的黑沙滩，这些黑沙滩就是由海底喷发的火山熔岩经海水冷却后形成的黑岩石，再经过风化和海水侵蚀等作用，最后转变成的一些细颗粒黑砂。

2.2.2　沉积物表示方法

1. 粒径

描述沉积物物质的主要特征参量是沉积物粒度。沉积物粒度特征可以解释近岸海域沉积物来源、沉积动力和沉积物输移趋势等环境信息。沉积物颗粒的变化包括不同颗粒粒径和不同粒径在沉积物中所占的比例，这能在一定程度上反映海域的动力－沉积－地貌耦合机制。

对沉积颗粒物的描述，常用的方法是对颗粒物进行直接的粒径测量。一般颗粒物的形状都是不规则的，因此，对颗粒物的描述需要进行 3 个轴向上的粒径长度测量。分别定义测量颗粒的 3 个粒径为长轴、中轴和短轴。在测量上，由于大多数的颗粒物粒径较小、数量大，对其进行直接测量比较困难。因此，常用筛选的方法来对颗粒进行描述和分类。常用的方法是采用 Wentworth 颗粒分级法对沉积物颗粒进行分级，如表 2－1 所示，其中，D 为颗粒中轴长度，单位为 mm，$\Phi=-\log_2 D$，代表粒径的一个对数分级。

按照上述的分类，海洋沉积物的分级还具有一定的地质学意义。①砾和砂，2 mm 以上的属于砾石，易被磨圆，多为岩屑；2 mm 以下的属于砂，具有毛细作用。②粗砂和中砂，大于 0.5 mm 的颗粒产生的扰动，会对海底起侵蚀作用；而小于 0.5 mm 的泥沙有水膜，对摩擦有缓冲作用。③砂和粉砂，63 μm 是悬移质和推移质的界限，大于 63 μm 的颗粒能够单独运动，而小于 63 μm 的沉积物会由于静电吸附而黏聚，也更符合斯托克斯定律，其可塑性、黏着性和毛细现象大为增加。

表 2－1　沉积物粒度分级标准

类型		粒径/mm	Φ
砾石	岩块	>256	< −8
	粗砾	256 ～ 64	−8 ～ −6
	中砾	64 ～ 8	−6 ～ −4
	细砾	8 ～ 4	−4 ～ −2
	极细砾	4 ～ 2	−2 ～ −1
砂	极粗砂	2 ～ 1	−1 ～ 0
	粗砂	1.0 ～ 0.5	0 ～ 1
	中砂	0.50 ～ 0.25	1 ～ 2
	细砂	0.250 ～ 0.125	2 ～ 3
	极细砂	0.1250 ～ 0.0625	3 ～ 4

续表 2－1

类型		粒径/mm	Φ
粉砂	粗粉砂	0.0625 ～ 0.0312	4 ～ 5
	中粉砂	0.0312 ～ 0.0156	5 ～ 6
	细粉砂	0.0156 ～ 0.0078	6 ～ 7
	极细粉砂	0.0078 ～ 0.0039	7 ～ 8
黏土	粗黏土	0.0039 ～ 0.00195	8 ～ 9
	中黏土	0.00195 ～ 0.00098	9 ～ 10
	细黏土	0.00098 ～ 0.00049	10 ～ 11
胶体		< 0.00049	> 11

2. 粒径统计参数

常见的粒径参数包括平均粒径（M）、分选系数（σ，或标准偏差）、偏态（S）、峰态（K）、中值粒径（D_{50}）等，前 4 个参数采用 Folk-Ward 公式进行计算。

（1）平均粒径（M）。M 表示粒度分布的集中趋势，反映沉积物粒度平均值的大小和搬运介质的平均动能，主要用于大致了解沉积环境及沉积物来源的情况。计算公式为：

$$M = \frac{\Phi_{16} + \Phi_{50} + \Phi_{84}}{3} \tag{2.3}$$

式中，Φ_{16}是指频率累积曲线上第 16 个百分数所对应的粒径 Φ，其余类推。

（2）分选系数（σ）。σ 表示相对于平均粒径而言粒径分布范围的大小，用以区分沉积物颗粒大小的均匀程度。分布集中，分选系数就较小，说明一个具有峰值的曲线上比平均粒径大得多或小得多的颗粒都很少，这时样品的分选性好。反之，分选系数大，分选性就差。计算公式为：

$$\sigma = \frac{\Phi_{84} - \Phi_{16}}{4} + \frac{\Phi_{95} - \Phi_5}{6.6} \quad (2.4)$$

σ 是判断动力环境的一个依据，常用于分析沉积环境的动力条件与沉积物的物质来源，分选作用于运动介质的性质与沉积物被搬运的距离密切相关。沉积物经过动力的反复筛选，颗粒大小往往比较接近，这时分选就比较好。总体上，分选性以风成沉积物（如海岸沙丘）最好，其次是海滩沉积物，再次是河流沉积物，最后是冰川沉积物。此外，于同一沉积类型而言，从母岩侵蚀区到最终沉积区，分选性逐渐变好，例如，于河流而言，从源头到河口沉积物的分选性呈变好的趋势。

（3）偏态（S）。S 也被称为偏度，是用于表示分配曲线对称性的参数，反映粒度分布的不对称程度。在正态分布曲线上，峰值、均值和中值相互重合，偏态为0。正偏态表示此沉积物的主要粒级集中在粗粒部分，反之则表示沉积物的主要粒级集中在细粒部分。偏态是一个灵敏指标，反映沉积过程中能量的变异。计算公式为：

$$S = \frac{\Phi_{16} + \Phi_{84} - 2\Phi_{50}}{2(\Phi_{84} - \Phi_{16})} + \frac{\Phi_5 + \Phi_{95} - 2\Phi_{50}}{2(\Phi_{95} - \Phi_5)} \quad (2.5)$$

河流砂、沙丘砂和风坪大多呈现正偏态，而海滩或湖滩砂则多呈现负偏态。在同一种环境的不同部位，有时也会呈现不同的偏态。

（4）峰态（K）。K 也被称为峰度，是用来衡量粒径频率分布曲线的频率极值上下偏离正态分布频率极值的程度，即曲线的峰凸程度。计算公式为：

$$K = \frac{\Phi_{95} - \Phi_5}{2.44(\Phi_{75} - \Phi_{25})} \quad (2.6)$$

在对称正态曲线中，Φ_{95}和 Φ_5 之间粒度间距（尾部展开度）是 Φ_{75}和 Φ_{25}（中部展开度）的2.44倍，因此，正态粒度分布的峰态是1。分布曲线峰的宽窄尖锐程度，反映水动力环境对沉积物的影响程度。据研究，海滩砂峰度通常为中等～尖锐，沙丘砂峰度中等，风坪砂峰度大，潮滩沉积物峰度多为尖锐和很尖锐。

基于分选系数、偏态和峰态，可以对沉积物进行定性划分（表2－2）。

表2－2　分选系数、偏态和峰态的分级

分选系数		偏态		峰态	
分选系数	定性描述	偏态值	定性描述	峰态值	定性描述
<0.35	分选极好	—	—	—	—
0.35～0.50	分选好	－1.0～－0.3	极负偏	<0.67	很平坦
0.50～0.71	分选较好	－0.3～－0.1	负偏	0.67～0.90	平坦
0.71～1.00	分选中等	－0.1～0.1	近对称	0.90～1.11	中等（正态）
1.00～2.00	分选较差	0.1～0.3	正偏	1.11～1.56	尖锐
2.00～4.00	分选差	0.3～1.0	极正偏	1.56～3.00	很尖锐
>4.00	分选极差	—	—	>3.00	极尖锐

资料来源：FOLK R L，WORD W C. Brazos River Bar：a study in the significance of grain size parameters［J］. Journals of Sedimentary Petrology，1957，27（1）：3－26.

（5）中值粒径（D_{50}）。D_{50}是累积频率曲线上颗粒含量为50%处对应的粒径，即Φ_{50}，表示小于或大于这种粒径的泥沙占总量的1/2，代表粒度分布的集中趋势，反映沉积物的平均动能。

3. 粒级分布

频率直方图是指根据各粒径范围内颗粒重量（或体积）在总重量（或体积）中所占的百分比，按照粒径范围划分成的柱状图（图2－9a）。如果将各方块顶线中点平滑连线，则称为频率曲线（或分配曲线）图（图2－9b）。频率直方图表示颗粒的不均匀分布，频率曲线上对应最大百分比的颗粒的粒径称为峰值，峰值粒径和平均粒径往往并不重合。如将粒径的对数值划分成半对数（仅横坐标为对数刻度）形式时，粒径的分布曲线接近于对称的正态（高斯）分布曲线。

累积频率曲线表示小于某一特定粒径的颗粒的累计百分比（图2－9c）。累积频率曲线通常是一条平滑曲线，曲线的变形点（上凸或上凹部分的转换点）对应频率曲线上的峰值。累积频率曲线的横坐标可以是线性刻度，也可以是对数刻度，因此，中值粒径 D_{50} 既可以用 mm（或 μm）表示，也可以用 φ 表示。

概率累积曲线是指累积频率曲线的纵横坐标都用对数表示。当累积频率曲线是一条直线时，粒径为正态分布（图 2－9d）。在大多数情况下，概率累积频率曲线会由若干直线段组成，一般分为 3 段，包括滚动部分、跳跃部分和悬浮部分。不同性质的沉积物，被截点所限制的直线段区间以及截点位置都有所不同，借此可直观地比较沉积物之间的差别和辨别沉积环境。

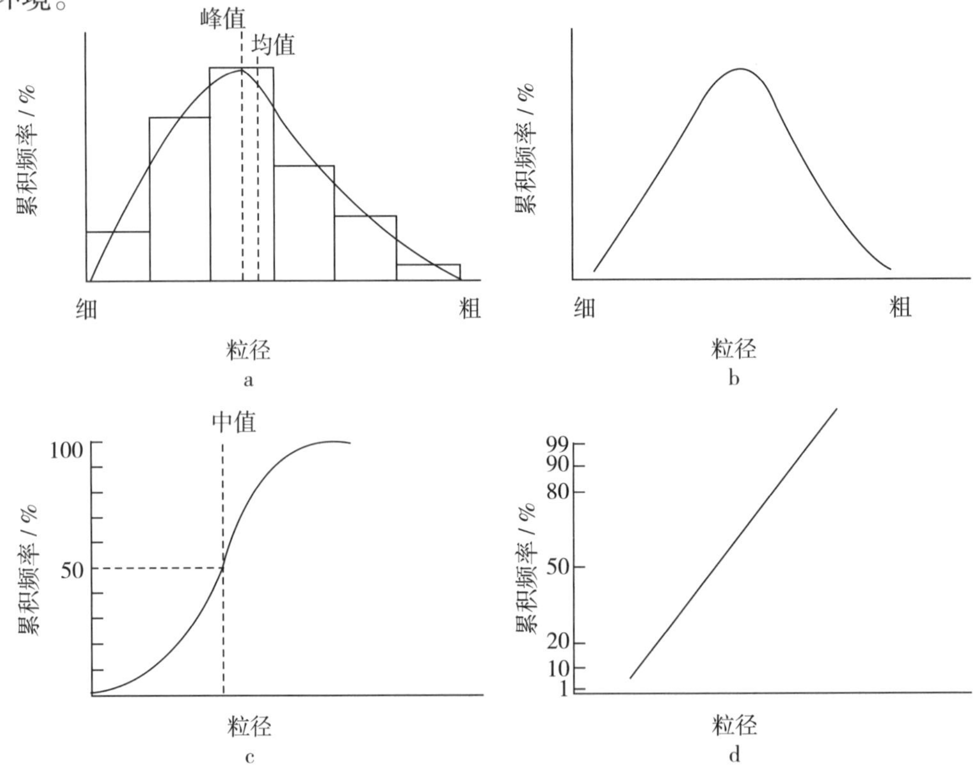

图 2－9　粒径分布的 4 种表示方式

a：柱状图；b：频率曲线图；c：累积频率曲线图；d：概率累积曲线图。

4. 粒级分类法

不同地点或同一地点不同时期沉积物粗细往往存在明显差异，区分这些差异的简单、有效的方法是给予不同粒径组成的沉积物以不同的名称。基于粒径组分类型，可使用谢帕德沉积物粒度三角图解法（谢帕德分类法）或福克－沃德分类命名法（福克分类法），对沉积物进行分类和命名。

（1）谢帕德分类法。谢帕德分类法基于砂、粉砂和黏土3个端元，分别以25%、50%和75%为界限，将沉积物分成10种类型。三轴上的25%、50%、75%和100%分别代表顺时针方向上，轴上的下一个组分在轴的上、下两组分总量中的百分含量（图2－10）。例如，黏土－砂轴上的25%是指黏土和砂总量中，砂占25%，而黏土占75%，其他以此类推。

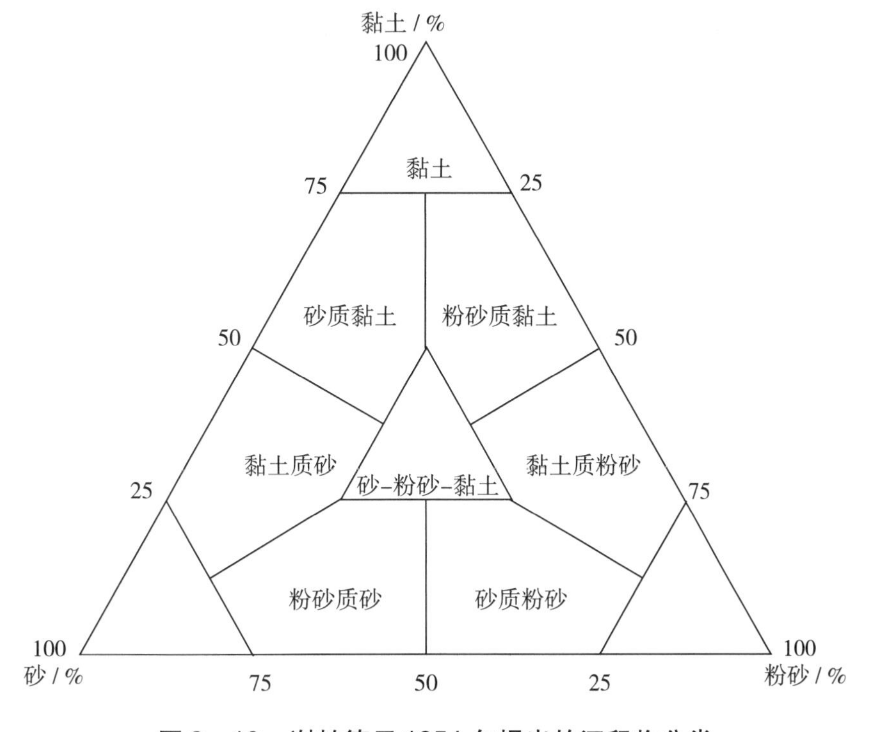

图2－10　谢帕德于1954年提出的沉积物分类

该三角图的阅读方法为：先确定砂、粉砂和黏土这3种类型的含量是否均在20%～60%，若满足此条件，则命名为“砂－粉砂－黏土”。若不满足，则取含量较高的两者所在边为判读，选择质量成分较大的占两者质量之和的比例，比值对应的区域类型即为沉积物的命名。

（2）福克分类法。福克分类法利用沉积物的组分比来进行沉积物类型的划分。将沉积物分成两种情况考虑，即含砾石与否。对于不含砾石的沉积物，以砂、黏土和粉砂为三角端元，根据各组分不同比例将其划分为10种类型。而含砾石的沉积物，则以砾、砂和泥（含粉砂和黏土）为三角端元，划分出11种类型（图2－11）。该三角图的阅读方法为：①对于不含砾石部分，以砂的含量90%、50%和10%做3条横线，并以黏土和粉砂的比值，以底边为界限，根据黏土和粉砂的比值2∶1和1∶2画出截点，和上述的3条横线将三角形划分成10个区域，每个区域对应不同的沉积物命名。若砂的含量超过90%，则直接判定为砂；若砂的含量小于90%，则在底边区域和横线相交的位置找出相应的沉积物类型。②含砾石部分。以砾石的含量80%、30%、5%和0.01%做4条横线，并以黏土和粉砂的比值，以底边为界限，根据泥和粉砂的比值1∶9、1∶1和1∶2画出截点，和上述的3条横线将三角形划分成11个区域，每个区域对应不同的沉积物命名。若砾石的含量超过80%，则直接判定为砾石；若砾石的含量小于80%，则在底边区域和横线相交的位置找出相应的沉积物类型。

2.3.3 沉积物输移

海洋沉积物的输移是一个时空尺度差异都很大的问题，既可以是一天内的沉积物浓度的变化，也可以是百千年尺度的地质运动；既可以是几何量级小到1×10^{-6} m的泥沙颗粒的运动，也可以是空间范围大至1×10^{6} m的河流地貌演变。由于水流湍流力学中至今仍存在很多尚未很好解决的难题，而沉积物的运动又位于水流载体中，当水流携带沉积物输移时，固液两相之间存在的作用就更为复杂，这就使得沉积物的输移过程成为自然界里较复杂的物理过程之一。

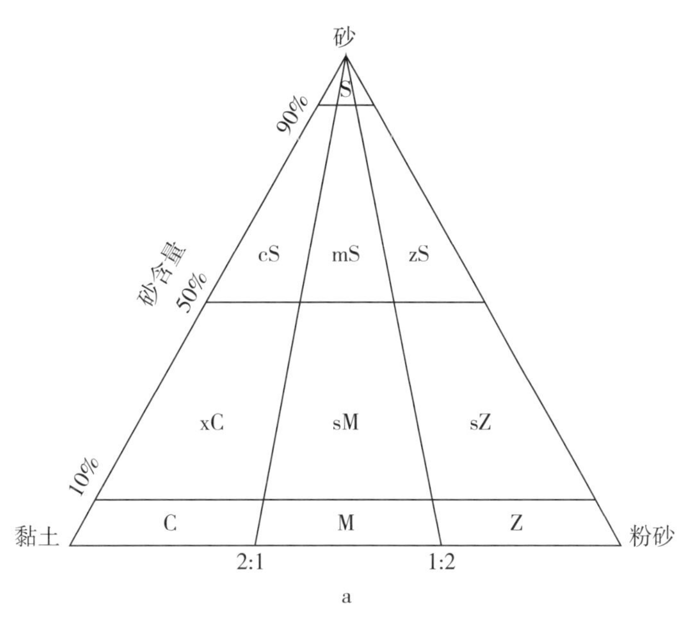

a

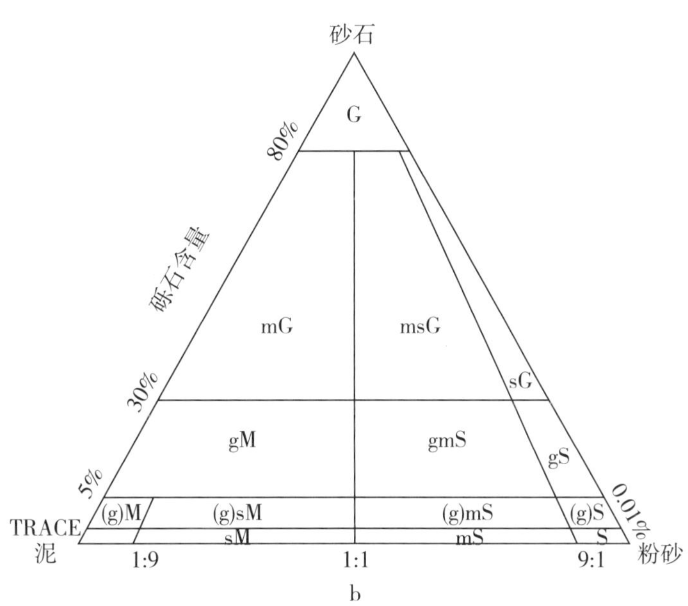

b

图2-11　福克（1970）沉积物分类

S：砂；s：砂质；Z：粉砂；z：粉砂质；M：泥；m：泥质；C：黏土；c：黏土质；G：砾石；g：砾石质；(g)：含砾石。

a：黏土与粉砂比值；b：砂与泥的比值。

沉积物输移主要是指沉积物在河流和海岸等区域在水、风、波浪、潮汐等动力的作用下，被冲刷、搬运和沉积的过程。事实上，沉积物颗粒本身的状态无非就是静止或运动，但是在水流这一载体中，流态的复杂性和边界的多样性，使得泥沙在水流中的状态可以分为静止、起动、推移和悬浮共4种，且不同状态间又可以相互转换，这使得泥沙运动的研究变得复杂困难。

沉积物的输移包括颗粒的起动和沉降的过程。泥沙的起动是指床面的泥沙颗粒从静止状态，到受到水流等外力作用，转变为运动状态的过程。当沉积物颗粒处于将要运动的临界状态时，流态的临界起动流速是沉积物研究的核心参数。事实上，理论和实验的研究表明，沉积物颗粒的起动准确地说应是一个典型的随机过程，并不存在某个单一特定的起动条件，而是大致存在一个临界条件，它有较大概率可以使沉积物颗粒起动。在特定的海域条件，颗粒的起动对应着某一个概率上的起动条件。沉积物的沉降特性关注的是颗粒在水体中受到重力的作用时的沉降速度，它与沉积物颗粒的形态、颗粒间的相互影响及沉降边界特性相关。沉积物颗粒在沉降过程中，将涉及边界层内绕流阻力的问题，当底边界层内的流动是非层流，或绕流颗粒处于层流向湍流过渡时，其阻力问题的求解是困难的。具体的沉积物的起动条件和沉降速度的测算，则需要对实际海域中的底部沉积物样品进行实验，结合水动力条件的模拟才能进一步获得起动和沉降特性相对较准确的结果。

沉积物按其在水流中的运动状态，可以分为推移质运动、悬移质运动和沙波运动等，如图2-12所示。

对于粒径相对较粗的泥沙颗粒，其在水动力作用下的运动常贴近海床表面，并频繁和床面的其他泥沙颗粒产生接触，这部分泥沙被称为推移质。推移质运动形式与水流作用的强弱，泥沙颗粒的大小、形状，以及在床面所处的位置相关，通常可分为3种类型：①接触质，这部分泥沙颗粒沿床面滑动或滚动，在运动过程中常与床面保持接触。②跃移质，这部分泥沙颗粒短时间跃离床面，随水流前进一段距离后又落回床面。③层移质，这部分泥沙颗粒成层地移动或滚动，一般发生在水流强度较大时。以

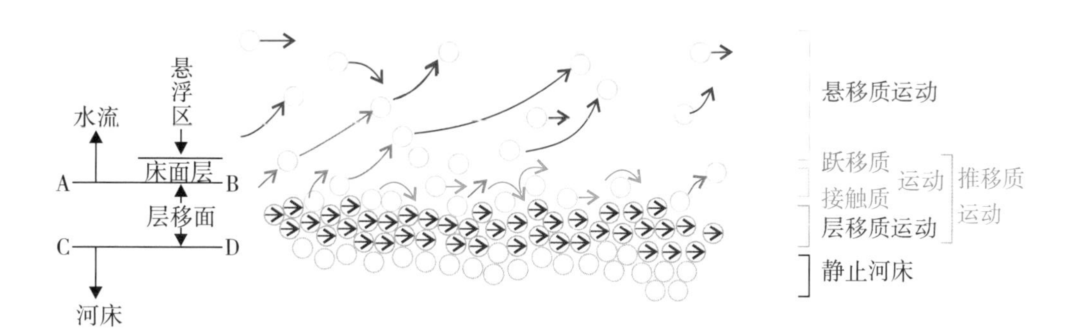

图2－12 沉积物输移示意

上各层之间的泥沙颗粒会同时受到与运动方向垂直的离散力作用，使它们之间的距离比静止的沙层之间的距离大。

当水中的推移质运动达到一定的规模之后就会产生沙波运动。即在海洋床面附近，沉积物在床面上的堆积具有各种类型的形体，且其形体是不固定的，主要是通过组成沉积物的颗粒在床面上滚动、滑动或跳跃移动，从而使沉积物的堆积形态不断随着时间和水流一起发生顺流或逆流变化。沙波运动在研究沉积物的输移和地貌演变方面有着重要而深刻的意义，因为沙波运动是推移质运动的主要方式，凡是推移质运动达到一定规模的地方必然会出现沙波。因此，对于一个海域，如果知道其沙波运动的性质、规模和发展趋势，则可明确推移质运动的规律。沙波的消长对该海域水体在底部的阻力损失有很大的影响。研究表明，沙波对糙率系数的影响远较原来床面组成的粗细对糙率系数的影响大。此外，沙波的消长对航道水深也有一定的影响。特别是较大的沙波经过浅滩滩脊时，便有可能为航行带来一定的困难。

对于粒径相对较小的泥沙颗粒，当水动力作用增大、水流紊动较强时，泥沙颗粒可能长时间悬浮在水体中而不和床面接触，这部分泥沙被称为悬移质。只有当水流涡旋中的向上湍流脉动速度 w' 等于或大于泥沙颗粒由于重力作用而下沉的速度 ω 时，泥沙颗粒才能悬浮而形成悬移质运动。因此，可用垂向脉动速度和沉速的比值 w'/ω 来量度悬移质运动的强度。又因为 w' 通常与床面摩阻流速 u_* 相当，所以这一比值又可表达为 u_*/ω。

当$u_*/\omega<1.0$时，泥沙颗粒以推移质为主；当$1.0\leq u_*/\omega\leq1.7$时，泥沙颗粒处于过渡态，推移质和悬移质兼有；当$u_*/\omega>1.7$时，泥沙颗粒以悬移质为主。一般而言，对于卵砾石海滩，波浪很难将泥沙悬浮，因此，以推移质运动为主。砂质海滩的泥沙可能以推移质为主，也可能以悬移质为主，或者两者兼有。粉砂质和淤泥质海岸泥沙主要以悬移质形式运动为主。悬移质是江河输沙的主要部分。在较大的河流的出海口通常都有较多的冲积平原，在该水域内悬移质的数量一般占据总沉积物输移量的90%以上。而在内陆小山区的河道中，悬移质的含量也达到80%以上。因此，在平原地貌的演变方面，悬移质至少在数量上起着更为重要的作用。

2.2.4 沉积构造和层序

沉积构造通常是层面构造和层理（层内构造）的统称，层面构造反映沉积物的平面差异，层理反映沉积物的垂直差异。沉积物自下而上的变化，实际上是历史上不同时间的沉积记录。

1. 层面构造

层面构造是指滩面或沉积底层的界面具有的凹凸不平的形态痕迹。

（1）波痕。波痕又被称为波纹，是水流或波浪作用于非黏性的松散沉积物（分粉砂至中细砂）表面后留下的波状构造，其波高一般为数毫米到数厘米，波长数为数厘米到数十厘米。

（2）沙坡。沙坡又被称为浪成波痕，主要由波浪振动引起的水体来回运动引起，其形状是对称或近对称的，波高从数十厘米到数十米，波长从数米到数千米。影响沙坡大小和形状的因素主要有波生流的速度、底层水体水平移动的幅度、底床沉积物粒径等。通常颗粒越粗，沙坡能达到的尺度也越大，波高与波长之比也越大。沉积物粒径相等的情况下，波浪越大，其形成的沙坡尺度也较大。

（3）风成波痕。风成波痕主要是非黏结物质在风的作用下产生，波高约为数毫米到数厘米，波长为数厘米到数十厘米。通常，较粗的颗粒堆积

在脊部，细颗粒堆积在波谷处。

2．层理

层理是由沉积物成分、结构、颜色、定向性等性质在垂向上（垂直于沉积表面的方向）的变化表现出来的，因此，层理反映沉积条件的变化，如图2－13所示。

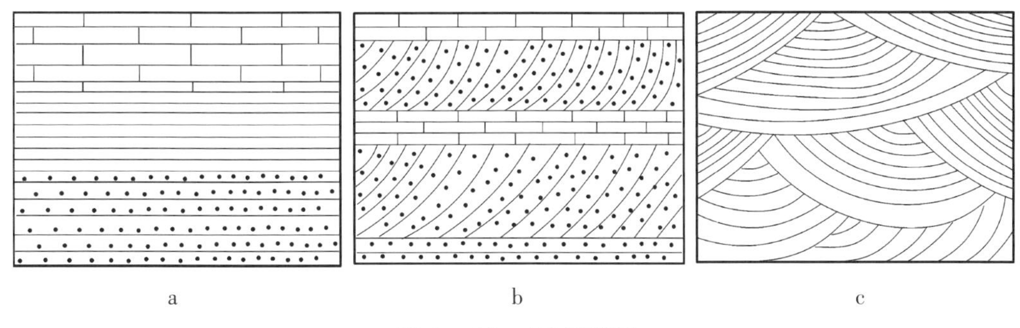

图2－13　层理类型

a：水平层理；b：斜层理；c：交错层理。

（1）水平层理。水平层理多形成于水环境中，在底部无强烈扰动的情况下，悬浮泥沙沉积，因沉积物的性质发生变化而产生层状结构。它们是由互相平行的层或纹层叠置而成，区别层和纹层的依据主要是厚度和沉积物性质的变化。主要又可分为：①渐变层理，其特点是颗粒自下而上逐渐变细，无明显的纹层面。粒径的渐变有两种类型，一是下部的粗颗粒间隙中没有掺混细颗粒，反映水流逐渐减弱；二是在粗颗粒变细的过程中，自下而上都混有细颗粒，它是悬移质和推移质共同沉积中，前者的比例越来越大的结果，其原因可能是流速的减低、海底浊流沉积、河流洪水退却沉积等。②薄砂层理，其纹层间相互平行，水平纹层厚度仅为1～2 mm，多见于中细砂海滩或其他波浪作用引起的沉积。在海滩上，波浪上冲流带来的物质，在回流的过程中，按先细后粗的次序沉积下来，形成上粗下细的逆变纹层。③韵律层理，是一种由不同粒径、成分、颜色的纹层交替出现的水平层理，又被称为交互层理。各个纹层的厚度通常小于3～4 mm，其出现是由于环境的周期性变化。潮汐周期的变化形成潮汐韵律层理，季节性的变化形成季节韵律层理。前者通常是薄互层层理，常见于淤泥质海岸；后者多为厚互层层理，常见于海岸、河流、冰川等。

（2）斜层理。斜层理是由许多与层面斜交的纹层构成，纹层之间相互平行或近乎平行，按其纹层面的倾斜方式，可分为单向斜层理和多向斜层理。按上下层面的性质可分为板状斜层理、楔状斜层理和槽状斜层理。按其成因可分为河流沙坡斜层理、风成沙丘斜层理、潮流沙坡斜层理、浪成沙坡斜层理等。

（3）交错层理。交错层理是由于波痕迁移的结果，在沉积物供应相对不足的情况下，直脊型波痕的迁移而形成。交错层的纹层就是波痕背流面的前积纹层。交错层理主要又可分为：①板状交错层理，其特点是层系之间的界面为平面且彼此平行。②楔状交错层理，其层系之间的界面为平面，但不互相平行，层系厚度变化明显呈楔形。③槽状交错层理，其层系界面呈弧状，纹层各下倾方向收敛并与之斜交。在横切面上，层系界面及纹层是槽状。

3. 层序

层序是与不整合面或与不整合面相对应的整合面，作为有边界的、有内在联系的地层序列。对于海岸沉积物，一个完整的层序包括沙丘、后滨、前滨、近滨、滨外（波浪作用为主的砂质海岸），或潮上带、潮间带、潮下带、浅海（潮汐作用为主的淤泥质海岸）。如果是海平面上升过程中进行沉积，则原来是陆地的地区将遭受海侵或接受海侵沉积，地层层序自下而上表现为沙丘、后滨、前滨、近滨、滨外（或潮上带、潮间带、潮下带、浅海）沉积相序列。如果是海平面下降或陆地面积扩大，则地层层序表现为海退序列，自下而上层序与上述相反。随着沉积相的改变，沉积物的结构和构造随之改变。

2.3　大气与海洋

2.3.1　海洋上的天气系统

海洋上的天气系统主要是指大气中的天气状态及其变化和分布的独立系统。大气天气系统的运动方式主要为涡旋和波动。不同的天气系统在地面上会形成不同的天气状态。

1．气团与锋面

在地球大气的低层存在着物理属性（如温度、湿度、稳定度等）相对比较均匀的大规模的空气集团，其水平尺度为数千千米，铅直尺度可达对流层顶。这种大规模的空气集团称之为气团。

气团的形成主要由两方面的条件决定。由于大气圈的底部直接接触地面，这里集中的大量的温度和湿度、气团中的温度和水分都大部分来源于地面源，因此，要形成气团，则需要在地面上有足够广阔的面积，且该范围内的地面特性分布均匀，如广阔的海洋、沙漠、内陆高原等。有了地面上足够广阔的温度源和湿度源之后，还需要在该范围的垂向方向上有足够强的对流混合作用，保证垂向上高层和底层气体之间的物理交换过程，这才能使得底部的热量和水分传递到上层，从而使整个气团的物理属性分布均匀。

大气一直处于不断运动的过程中，当地面上有气团的形成，并取得与地面源大致相同的属性之后，会开始离开源地运动至与源地物理属性不同的下垫面。此时，气团又开始与新的源地进行热量和水分的交换，这个过程称为气团的变性。

产生于不同源地的气团相遇之后会发生热量和水分的交换。依据两股气团温度的高低，分别将两个气团称为冷气团和暖气团。性质不同的两种气团在相遇的区域之间有一狭窄的过渡区域称为锋区。如图 2 – 14 所示，锋区的宽度在地面上一般为几十千米，而在高层其宽度可达到一两百千米。即使如此，相对于锋区的长度，锋区的长度可达 1000 ~ 2000 km。由于锋区的宽度比长度小得多，故可将锋区看作一个面，即称为锋面。

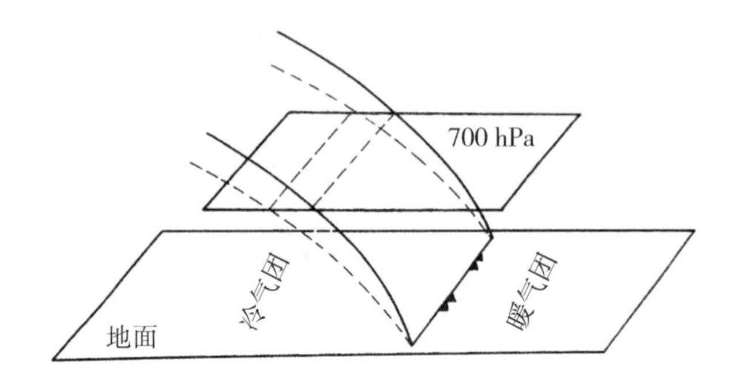

图 2 – 14　气团与锋面

根据两股气团的运动主次特性不同，锋面可分为冷锋、暖锋、准静止锋和锢囚锋。在锋区一般都有较强的物理交换过程。

（1）冷锋。两股气团相遇过程中，冷气团占主导作用，推向暖气团一侧运动时称为冷锋。在冷锋面区域，锋面向暖气团入侵，在该地区形成冷锋过境，冷气团的空气会取代暖空气，使温度降低。而在原来冷气团的位置，常有新的冷气团前来补充形成新的冷锋，称为副冷锋。

（2）暖锋。与冷锋面相反，暖气团占主导地位，向冷气团一侧移动。暖气团的空气取代冷空气，使得该区域的温度上升。

（3）准静止锋。当冷暖两股气团的势力相当时，锋面的移动十分缓慢，或相对静止，或在地面上一定范围内来回移动，这类锋面称为准静止锋。实际中常定义为锋面在 6 h 内移动的位置不超过 1 个纬度的锋面称为准静止锋。

（4）锢囚锋。当冷锋赶上暖锋时，或者有两股冷锋迎面相遇时所形成的锋面称为锢囚锋。在锢囚锋的锋区内，冷锋上方的暖空气会被挤压抬升，使得部分暖气团漂浮于上空。

2. 温带气旋与反气旋

气旋是大气圈中的一个三维尺度的结构，通常在水平方向上具有大尺度的涡旋。以最外圈的一条闭合等压线为界，涡旋的直径一般约为1000 km，甚至可达2000～3000 km，而小的只有200～300 km，或更小。气旋的旋转方向在北半球为逆时针辐合状，在南半球为顺时针辐合状。气旋的中心气压比周围的低，因此，气旋又被称为低气压。其中，心气压一般为97～101 kpa。中心气压越小，气旋发展越强，较强烈的低压可低于93.5 kpa。根据气旋产生和发展的位置，气旋可分为温带气旋、热带气旋和极地气旋等。

温带气旋是一种常发生和活动于中高纬地区的气旋，这种气旋的活动常带有锋面，因此，温带气旋又称锋面气旋。锋面气旋与冷暖锋面的活动联系在一起，且周围的温度分布不对称。发展强烈的温带气旋风级最大可达到12级以上，其直径从数百千米到数千千米，对其影响的区域带来强烈的雨水和雷暴大风天气，这是一种剧烈的天气系统。温带气旋的发展往往也伴随着不同的天气变化。温带气旋在波动阶段的强度一般较弱，坏天气区域较小。当温带气旋处于发展阶段，气旋区域内的风速普遍增大。当温带气旋发展到锢囚阶段时，气旋区内地面风速较大，降水加剧。当锋面进入消亡阶段时，云和降水减弱，云底抬高，最终消失。温带气旋的整个生命周期为3～5天。

与一般气旋相反，温带反气旋一般发生在中高纬的对流层中下部，如格陵兰岛、西伯利亚地区等。从空间上看，温带反气旋也是一个三维的在水平方向上有大尺度的涡旋结构。在北半球，反气旋做顺时针旋转；而在南半球，则做逆时针旋转。气旋的中心要比周围高，因此，反气旋也成为高气压。以反气旋最外圈的闭合等压线为界，反气旋的直径一般可达1500～2000 km，更大的可达5000 km以上，例如，亚洲大陆上的反气旋可占据大陆面积的75%。反气旋的强度一般用中心高压值来描述，一般反气旋中心高压为102～104 kpa，强烈的反气旋中心气压可达108 kpa。

3. 副热带高压

副热带的范围主要在南北半球20°～35°纬度，这个范围恰好位于低纬环流和高纬环流之间。当来自赤道的气流向南北流动时，由于受到地球自转偏向力的影响，在达到30°纬度附近时，这股气流开始逐渐转变为稳定的自西向东的流动。这一平行于纬度的气流阻隔了高空气流的南北向流动，使得这一范围内的气体下沉堆积，在近地面形成高压，称为副热带高气压。与温带高气压不同，温带高气压是由热力学特性形成的；而副热带高气压是由动力学特性形成的，但它也是一种反气旋。

副热带高气压常为暖性气流，且在这一纬度范围内，受到了海陆分布的影响，副热带高气压常被分割为具有若干个闭合中心的高气压单体。副热带高气压的规模通常较大，暖性持久，是热带和副热带地区的主要大气活动，不仅对热带和副热带地区的天气有直接控制，还能对中高纬度的地区产生重要影响。例如，西北太平洋的副热带高气压可直接延伸到我国沿海地区，在夏季还能深入到我国内陆。

副热带高气压主要形成于热带洋面，是达到行星尺度的天气系统，水平范围广，移动的速度慢，位置随着季节发生南北移动。在副热带高气压的影响下，各个方向的部位天气类型差异较大。在副高气压的中部，由于受中心下沉高压的影响，气流成辐散分布，特别是在副高脊线上附近下沉气流盛行，气压梯度较小，表现为晴朗少云，风力微小；在西部有来自南方的暖气流影响，暖气流位于下部，气体结构不稳定，因此，在西部容易产生雷雨大风天气；在北部当与西风带相接时，会产生较强的气旋和锋面活动，对流上升强，若再遇上来自西部偏南气流带来的水汽，则在北部地区就会形成大范围的降水带；在东部则是形成偏北的冷气流，大气结构稳定，若是在大洋上则会出现低的云雾，若是大陆上长期受副高气压东部范围的控制，则会形成久旱无雨的沙漠；在南部则是与信风带相邻，通常表现为风力小风向稳定，天气晴朗，若遇上东风波或热带气旋时则会有大风暴雨天气。

4. 热带气旋

热带气旋是发生在热带海洋区域上的一种具有暖性结构的大气涡旋，是对流层内最强的气旋。在世界各地不同的地方对热带气旋有不同的分类和名称。例如，对于近中心最大风力达到12级以上的热带气旋，在北大西洋和东北太平洋被称为飓风，在西北太平洋被称为台风。台风的发生常伴有狂风暴雨，是一种灾害性天气系统。2006年，我国国家气象局将热带气旋分为6个等级，如表2-3所示。

表2-3 热带气旋分级

热带气旋名称	底层近中心最大平均风速/$m \cdot s^{-1}$	风力等级
热带低压	10.8～17.1	6～7级
热带风暴	17.2～24.4	8～9级
强热带风暴	24.5～32.6	10～11级
台风	32.7～41.4	12～13级
强台风	41.5～50.9	14～15级
超强台风	≥51.0	16级或以上

全球平均每年发生被命名的热带气旋约有84个。其中，约1/2的热带气旋能发展成飓风（12级或以上）强度。热带气旋主要发生于北半球，约占全球热带气旋总数的2/3。而北半球中又以西北太平洋为最多，约占全球总数的1/3。西北太平洋在全年各月都可以有热带气旋的发生，7—11是盛行期，约80%的热带气旋发生在这段时间内。

台风的生命期一般为3～8天，台风直径一般为600～1000 km，最大的可达2000 km，最小的只有100 km。在北半球，台风集中发生在7—10月，尤以8月和9月最多。据统计，每年5—11月台风可能影响或登陆中国。全球范围内，台风集中发生在西北太平洋、孟加拉湾、东北太平洋、西北大西洋、阿拉伯海、南印度洋、西南太平洋和澳大利亚西北海域等8个地区。

2.3.2 海洋与大气的相互作用

海洋和大气同属地球流体，在相互制约的海洋－大气系统中，海洋主要通过向大气输送热量，尤其是提供潜热来影响大气运动；大气主要通过风应力向海洋提供动量，改变洋流及重新分配海洋的热含量。因此，可以简单地认为，在大尺度海洋与大气的相互作用中，海洋对大气的作用主要是热力的，而大气对海洋的作用主要是动力的。

1. 海洋对大气的热力作用

海洋和大气运动的原动力都来自太阳辐射能。由于海水反射率比较小，吸收的太阳短波辐射能较多，而且海面上空湿度一般较大，海洋上空的净长波辐射损失不大，因此，海洋有比较大的净辐射收入。热带地区海洋面积最大，可得到最多的能量，因此，热带海洋在热量贮存方面具有更重要的地位。通过热力强迫，在驱动地球大气系统的运动方面，海洋，尤其是热带海洋，就成了极为重要的能量源地。

大洋环流既影响海洋热含量的分布，也影响海洋向大气的热量输送过程。低纬度海洋获得较多的太阳辐射能，通过大洋环流可将其中一部分输送到中高纬度海洋，然后再提供给大气。因此，海洋向大气提供的热量一般更具有全球尺度特征。

2. 大气对海洋的风应力强迫

大气对海洋的影响是风应力的动力作用。风应力的全球分布，与大洋表层环流的基本特征有很好的相关性，具体表现为：一方面，在北半球大洋环流为顺时针方向；在南半球，则为逆时针方向。另一方面，风应力使海水产生涡度，当科氏参数随纬度变化时，在大洋的西边就会产生较大的流速，从而产生较强的摩擦力以抵消那里的涡度，这可以用来解释大洋环流“西向强化”现象。

2.4　海岸和河口

2.4.1　海岸定义和分类

海岸是指在水面和陆地相接触并产生相互作用的区域，经波浪、潮汐、海流等作用下形成的滨水地带。海岸与海滨相对应，分别指陆上和水下部分。广义的海岸带一般指向海扩大到沿海国家海上管辖权的外界，即200海里专属经济区的外界，向陆离海岸线已超过10 km，包括部分陆地、滩涂、沼泽、湿地、河口、海湾、岛屿及大片海域。狭义的海岸带是指海岸线附近较窄的下场的沿岸陆地和近岸水域。

在自然科学的研究上，通常将海岸带划分为永久性陆地带、过渡带和永久性水下岸坡带，如图2－16所示。其中，永久性陆地带是指海岸线以上部分，海岸带向陆方向上的上溯边界可以是海蚀崖、风成沙丘或人工海堤；过渡带是指在潮汐的影响下，高潮线和低潮线之间的岸带；永久性水下岸坡带是指海岸线以下部分，海岸带向海方向的边界通常以波浪的作用强弱来划分。一般认为，海岸线的下界是波浪向岸传播过程中，当波浪达到的位置开始对海岸底部的沉积物有所扰动时的临界边界处，又被称为波基面。由于波浪的强弱也是变化的，因此，这一边界也不是固定的。一般而言，是在水深相当于波浪长度的1/2或1/3处。

海岸在形成过程中，其目前所看到的形态是由内力和外力共同作用的结果。内力主要是地壳运动、原始的地貌状态、地质构造等的作用。外力主要包括河流、波浪、潮汐、风化等的作用。其中，岩石的性质是决定海岸形态较重要的因素。海岸的构造基本决定了其最初的形态，尽管在后期会受到外力的作用，但基本不会改变海岸的沉积地貌格局。

海岸的分类按不同的出发点，有不同的分类方法。①按海岸受近代地质过程影响的程度划分，可以分为原生海岸和次生海岸。其中，原生海岸

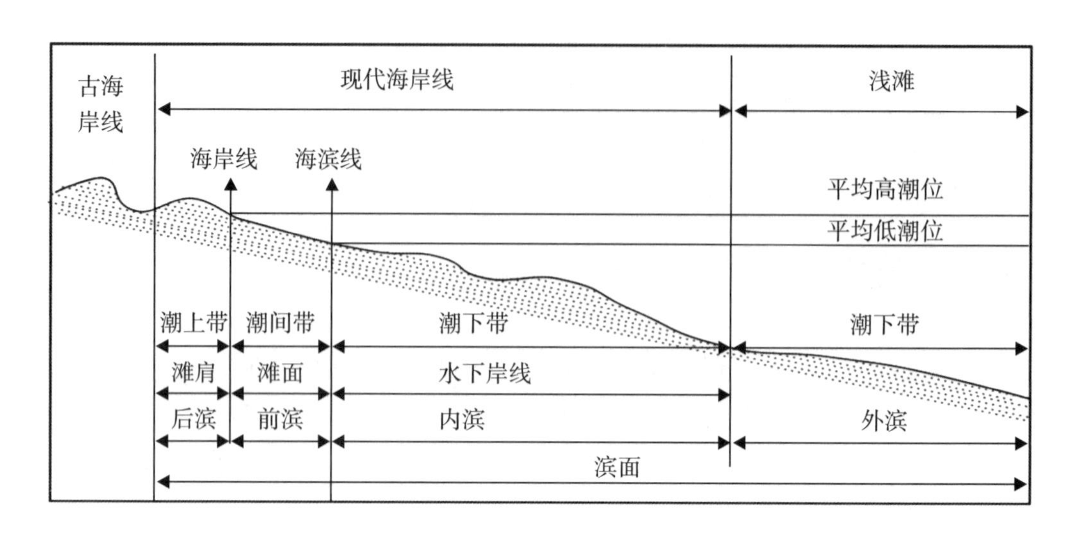

图2－16　海岸带划分

是指由于陆上内外营力、火山作用或构造运动而形成，没有被海洋作用所改造的海岸形态，包括陆生侵蚀海岸、陆生堆积海岸、构造海岸、火山海岸、冰川海岸等。次生海岸是指由于现代水动力因素作用或海洋生物作用造成的海岸形态，包括海蚀海岸、海积海岸和生物海岸等。②按海岸与陆地交接类型，可以分为山地海岸和平原海岸。其中，山地海岸是指海岸与地质构造形成的基岩直接相连。③按海岸带地质构造走向与海岸线相交的关系，山地海岸可进一步分为纵向海岸（海岸线走向平行于地质构造走向）、横向海岸（海岸线走向与地质构造走向大致成直角）和斜交海岸（海岸线走向与地质构造走向斜交）。④按海岸的岩性构成可进一步分为砂质海岸、淤泥质海岸、三角洲海岸、生物海岸等。下面按岩性构成分类分别介绍各种海岸的特征。

2.4.2　基岩海岸

世界上80%的海岸都是基岩海岸，基岩海岸的分布很广，是由坚硬的岩石组成的海岸构成的，且千万年来长期受到各种外力的侵蚀作用而形成

的如今的形态。基岩海岸持续地受波浪作用而侵蚀的物质不断被海浪、海流等搬运走，在地层中不易保存它的演化阶段。因此，基岩海岸具体的形成历程较难推断。但影响基岩海岸地貌形成的主要因素主要包括：①机械波侵蚀，这是主要的侵蚀外力。波浪对基岩海岸有侵蚀作用，同时，波生流对基岩壁有压力作用且水流中携带的粗糙细颗粒物质在冲击基岩海岸时具有摩擦力。②风化作用，主要包括干湿交替、冰冻解冻等过程的物理风化、水解氧化和溶解的化学风化及盐风化等。③生物侵蚀，主要指有机物通过各种方式磨损和搬移岩石的行为。例如，藻类在岩石表面生长，能产生对基岩的侵蚀。④物质搬移，主要为基岩海岸在演变过程中的岩石崩塌、滑坡及泥石流等。这些复杂多样的因素也造就了基岩海岸具有岸线曲折、湾岬相间、岸坡陡峭和沙滩狭窄等特点。基岩海岸的主要地貌形态类型如下。

（1）岬角和海湾。在不规则及岸线较长的基岩海岸，由于不同地方岩石的性质不一样，这些基岩对侵蚀作用的敏感性不同。若岩性抵抗波浪的作用较强，基岩较难被侵蚀，因而通常形成海岬。抵抗波浪作用较弱的地方则形成海湾。因此，基岩海岸中常有如图2－17所示的形态。基岩海岸向海侧突出的部分称为岬角，向陆凹陷的部分称为海湾。岬角和海湾并存的海岸称为港湾海岸，此类海岸一般水深较大、掩蔽良好、基础牢固，适宜选作兴建深水泊位的港址。此外，由于波浪折射作用，突出的岬角容易受到波浪侵蚀，沉积物被搬运到动力较弱的海湾，因此，海湾也多有海滩发育。

（2）海蚀穴（洞）、海蚀拱桥和海蚀柱。海蚀穴又称为浪蚀龛，指在海岸线附近出现的凹槽形海岸，海蚀作用首先发生在海面与陆地接触的地方，这是因为海浪打击海岸主要集中在海平面附近。激浪的掏蚀或海水的溶蚀，使海岸形成槽形凹穴。两侧贯通的海蚀穴被称为海蚀拱桥，海蚀拱桥塌落后剩下的海水中残留的岩体被称为海蚀柱（图2－18）。

（3）海蚀崖。海蚀崖又称为浪蚀崖，是基岩海岸受海蚀及重力崩落作用，沿断层节理或层理面形成的陡壁悬崖，如图2－19所示。海蚀崖多见于岸坡较陡、波浪作用较强烈的岸段，尤其是在岬角和岛屿处最常见。如果岩石抵抗波浪作用较强（如火成岩），一般形成较为陡峭的海蚀崖；而抗冲蚀性较弱的岩石一般形成缓坡海蚀崖。

图2－17　海湾和岬角

图2－18　海蚀拱桥和海蚀柱

图2-19 海蚀崖和海蚀洞

（4）海蚀平台。海蚀平台是海蚀崖前形成的基岩平坦台地，如图2-20所示。在海浪作用下，海蚀崖不断发育、后退，在海蚀崖向海一侧的前缘岸坡上塑造一个微微向海倾斜的平坦岩礁面。海蚀平台上通常发育有浪蚀沟、洼地、海蚀凹槽等微地貌，以及锥形岩体和波蚀残丘。海蚀平台一般位于平均海面附近，但其他动力过程也可使其形成不同高度的海蚀平台。例如，由特大暴风浪作用形成的暴风浪平台，通常位于高潮线以上；而由波浪侵蚀作用在下限处形成的海蚀平台，则通常位于海面以下。

2.4.3 砂质海岸

砂质海岸由砂物质组成，包括砾、粗砾、卵石等粗颗粒泥沙。由于砂质海岸的泥沙粒径较大，坡度较陡，因此，近岸水域水深通常较大，波浪破碎强烈，其对水底泥沙的作用也较为强烈，容易产生沿岸流、裂流等近岸水流，导致高强度沿岸输沙。在垂直于海岸线的海岸横剖面上，砂质海岸组成部分如图2-21所示。

图2－20　海蚀平台

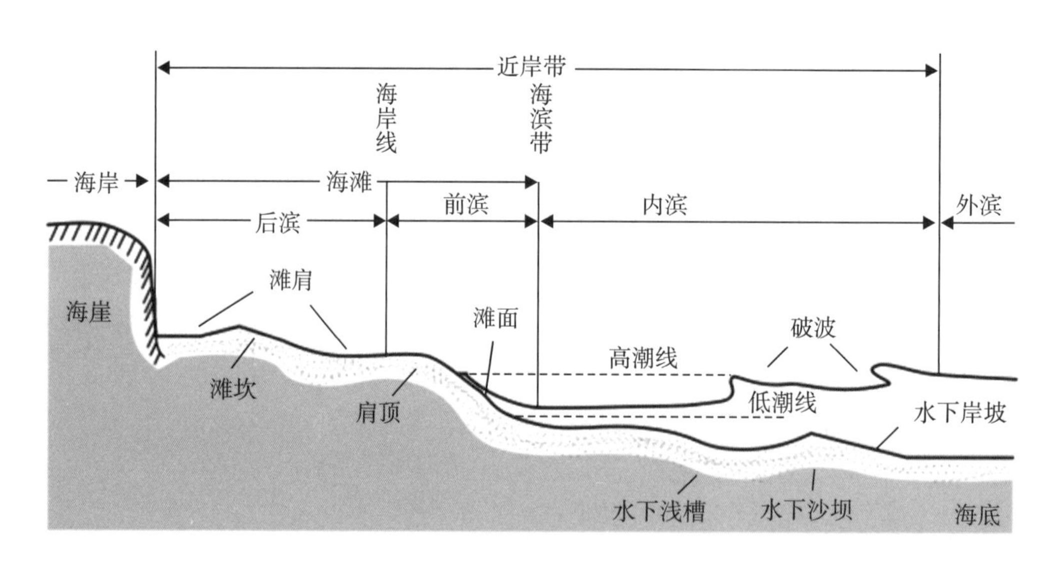

图2－21　砂质海岸横剖面划分

（1）海滩。海滩也被称为海滨，是指从低潮线向上直至地形上变化显著的地方（如海崖、沙丘等），包括后滨和前滨。

（2）后滨。后滨是指向海与“前滨”的交界，可向陆延伸到海崖或沙丘，此带通常只有在风暴潮期间才被海水淹没。

（3）前滨。前滨界于高潮线和低潮线之间，是高潮时波浪上冲流达到的界线和低潮时回冲流所达到的下限之间的斜坡。

（4）内滨。内滨是指低潮线至破波线的位置，沉积物受波浪作用显著，在一定的周期内堆积或侵蚀，地形变化明显。

（5）外滨。外滨是指自较陡坡面的外缘（或者破波带外侧）向海延伸至大陆架的坡折处，沉积物搬运仍受波浪作用，但地形变化不明显，只有在极端风暴作用下发生显著变化。

（6）滩肩。滩肩是指平均海平面以上在海滩上部近乎水平的部分，属于后滨的范围。滩肩上常可见滩坎，是波浪在海滩剖面上侵蚀留下的近乎垂直的小陡崖。

（7）滩面。滩面是指沙滩位于高潮线和低潮线之间的斜坡，斜坡底部常堆积较粗的沉积物。

（8）水下岸坡。水下岸坡是指从滩面转折处向海延伸的一个坡度较缓的坡面，一直到达有效波浪作用的深度，常发育沿岸沙坝和沿岸槽。

从砂质海岸的平面上来看，其主要的地貌特征如图 2－22 所示，主要地貌类型包括沙嘴、连岛沙洲、沙坝－潟湖、潮汐汊道等。

（1）沙嘴。沙嘴是指根部同陆地相连、尾端伸入海或湖中的狭长的堤坝状地貌，常形成于岬角和河口处。它的前端略向内侧弯曲，向海侧的坡度一般较大。在自然的条件下，波浪传播进入砂质海岸时，波峰线可能与海岸平行，也可能和海岸线斜交。当波峰线与海岸线平行时，沿岸的输沙成一个封闭系统，沙的净输率为零；当波峰线与海岸线斜交时，沿岸输沙则受水中漂沙的影响，形成的是一个开放系统。但这 2 种类型在一些海岸线较长的砂质海岸中可以同时存在，并都可以形成沙嘴的地貌形式。

沙嘴的形成主要有两个条件，一是岸线出现明显的转折，二是有较强的沿岸泥沙输移。沙嘴开始形成时，延伸速度较快，而随着沙嘴离岸距离的增加，其延伸速度逐渐降低。这是由于越向外海，水深越大，所需的泥沙含量也越多。此外，越向外海，波浪作用力也逐渐增强，沙嘴的延伸长度受到限制。因此，沙嘴向海端（头部）因受波浪作用常成钩状或反曲状。

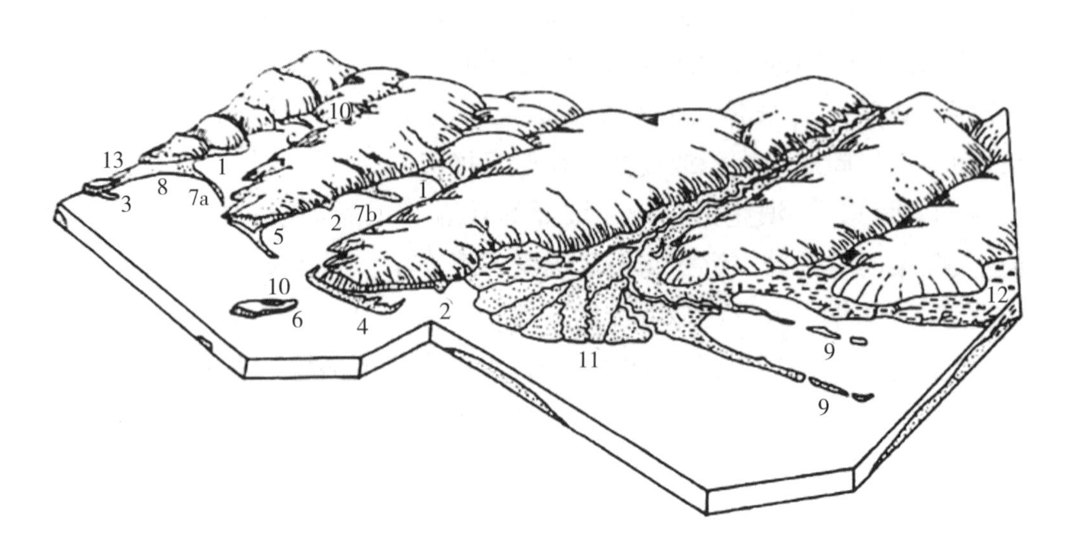

图2－22　砂质海岸主要地貌特征

1：海滩；2：三角滩；3～5：沙嘴；6：环状沙坝；7a：湾口坝；7b：湾中坝；7c：湾内坝；8：连岛坝；9：离岸坝；10：潟湖；11：三角洲；12：泥滩；13：陆连岛。

（2）连岛沙洲。连岛沙洲是指连接陆地和岛屿的沙坝，是海岸受到岸外岛屿屏蔽和封闭而形成的泥沙堆积体。它的外形与沙嘴相似，但它的形态却是连接两处陆地的沉积地形，其中的一端是岛屿，另一端是陆地，或者两端都是岛屿。当岸外有岛屿时，外海波浪向岸传播过程中，由于岛屿的屏蔽作用，在岛后波浪减弱，形成波影区。沿岸泥沙经过岛后波影区时，因波浪能量降低，导致泥沙容重降低，产生堆积，并逐渐向岛方向延伸，形成连岛沙洲。

连岛沙洲的形成与岛屿的长度（L）及岛屿到陆地的距离（D）相关。研究表明，当 $D/L<1.5$ 时，较易形成连岛沙洲；当 $D/L>3.5$ 时，由于岛陆距离过大，岛屿对陆地没有明显影响；当 D/L 介于两者时，则在岛屿的波影区后面的陆地上一般会形成三角岬、突出岛或海角等地貌形态。

（3）沙坝－潟湖。沙坝又被称为沙堤，常发育于水下岸坡，是在波浪和激浪流作用下，堆积在海岸带的外滩外缘海中的长条形堤坝状海积地貌的统称。堆积物一般是砂或砾石，常混杂有贝壳碎片等其他物质，沙坝的

顶部一般可露出于海面之上。潟湖是指海岸带被沙嘴、沙坝或珊瑚分割而与外海相分离的局部海水水域。当波浪向岸运动，泥沙平行于海岸堆积，形成高出海面的离岸坝。在风暴浪作用下，离岸坝的泥沙被冲到潟湖一侧，形成冲越扇。坝体将海水分割，在潮流作用下，可以冲开堤坝，形成潮汐通道。涨潮流带入潟湖的泥沙，在通道口内侧形成潮汐三角洲。

按照潟湖的发育程度，可以将其划分成4种类型：①海岸潟湖，是指海湾被水下沙坝部分隔开的水域；②半封闭潟湖，是指水上沙坝或沙嘴分隔出的水域，但仍与海水相连通；③封闭潟湖，是指湖水与海水完全隔离；④埋葬潟湖，是指被冲击物等充填成低平原的潟湖。潟湖内的水体盐度多变，如果有小河流注入，则河流周围的水体盐度较小；如果没有河流注入，则在远离潮汐通道处的水体由于蒸发而使盐度升高。此外，潟湖水体多位于浅水区域，水体动力作用较弱，因此，潟湖沿岸常发育泥滩。同时，由于水深较浅，增加了床底对波浪的摩擦力，削弱了波浪参数。大面积的浅水区域加剧了风的作用，破坏了水体中的温跃层和盐跃层，扰动了湖底沉积物，增加了湖底氧气并混合营养盐，有利于潟湖内泥滩上水生物的生长和繁殖。

（4）潮汐汊道。潮汐汊道（tidal inlet）又被称为潮汐通道，是指沟通潟湖和海洋的通道，由于两者之间是由潮涨潮落来实现水体交换而形成。也有学者把连接外海和半封闭港湾（河口湾）的通道称作潮汐汊道。潮汐汊道是潟湖和外海水体交换的水道，潮流在通道中进出，对潟湖的水下地形有显著影响。涨潮流所带泥沙经潮汐汊道进入潟湖，由于水流扩散、泥沙沉积，形成涨潮三角洲；反之，落潮流挟带泥沙在通道口外沉积，形成落潮三角洲。一般而言，落潮三角洲面积的大小与潮汐强度成正相关关系。

潮汐汊道主要是由于暴风浪冲决沙坝所形成，当暴风雨导致沿岸增水作用时，在堡岛上一些狭窄和低洼的地段常被风浪冲决而形成通道。当暴风雨过境时，沿岸出现离岸风，使潟湖水域内的表面水体聚集在堡岛内侧并冲开堡岛的低洼地点而形成决口。潟湖内的潮沟水体也可能汇集成大的水槽，从而冲决堡岛，产生潮汐汊道，流入海洋。

潮汐汊道的床面一般在最低潮位以下，它横穿汊道两侧的潮汐三角洲并延伸一部分纳潮水域。纳潮水域可以是港湾、潟湖等陆地包围的水域，而进出的潮流量只能由一个潮汐汊道通过。纳潮水域的面积、形状和潮汐特征，决定口门的过水断面及汊道两端浅滩与水道的特征。潮汐汊道的横断面面积（A）和纳潮水域的纳潮量（又被称为潮棱体，P）成正相关关系，即：

$$A = CP^k \tag{2.7}$$

式中，C 和 k 均为常系数。该式表明，随着纳潮量发生变化，潮汐汊道也会相应地扩大或缩小。由于很多潮汐汊道都是航道，如果潟湖因围垦而减少纳潮量，就会缩小通道的断面面积，从而影响航道水深。

2.4.4 淤泥质海岸

淤泥质海岸的主要组成物质是粉砂和黏土，另外，还含有一定量的砂、贝壳碎屑及植物腐殖质等。淤泥质海岸是潮流控制的海岸，其形成主要是由于涨潮流速大于落潮流速。涨潮时，由于流速快、水量大，常使大量悬浮泥沙随涨潮流向岸推进。由于摩擦作用，流速逐渐减低，一部分泥沙会沿途沉积下来。而落潮时，由于流速小，输沙能力低，泥沙不能全部被带走。因此，在一次全潮后，会有一些泥沙沉积在海岸带，从而形成淤泥质海岸。

由于淤泥质海岸的沉积物组成较细，因此，其输移特性也有别于其他海岸。这些较细的颗粒沉积物在波浪和潮流的作用下，很容易成为悬浮物质而被水流搬运和沉积。这些细颗粒沉积物的绝大部分来源是河流，小部分来自海底或其他物质松散的古海岸区域。在大部分有较大河流的入海口附近都会形成较大的冲积平原，这些地区通常是构造下沉的，地势较低平。例如，我国沿海地区入海口附近每年接受来自长江、珠江等各大河流的输沙量就达到 20 多亿吨，这些来自河流的泥沙是淤泥质海岸沉积物的主要来源。我国 22% 的陆地海岸都属于淤泥质海岸，绝大部分都位于大河河口附近。

淤泥质海岸地貌形态较为单一，海滩平缓宽大。潮滩是淤泥质海岸的主要地貌类型，其宽度主要取决于当地潮差的大小和海岸的坡度。在一些强潮海岸（潮差 >4 m），潮滩的宽度较为广阔，可达到 10 km 以上。例如，我国苏北海岸的潮差在 2 ～ 4 m，其发育的潮滩宽度约为 10 km。潮滩的结构具体还可以划分为三个部分，从陆到海分别为潮上带、潮间带和低潮带，具体如图 2－23 所示。

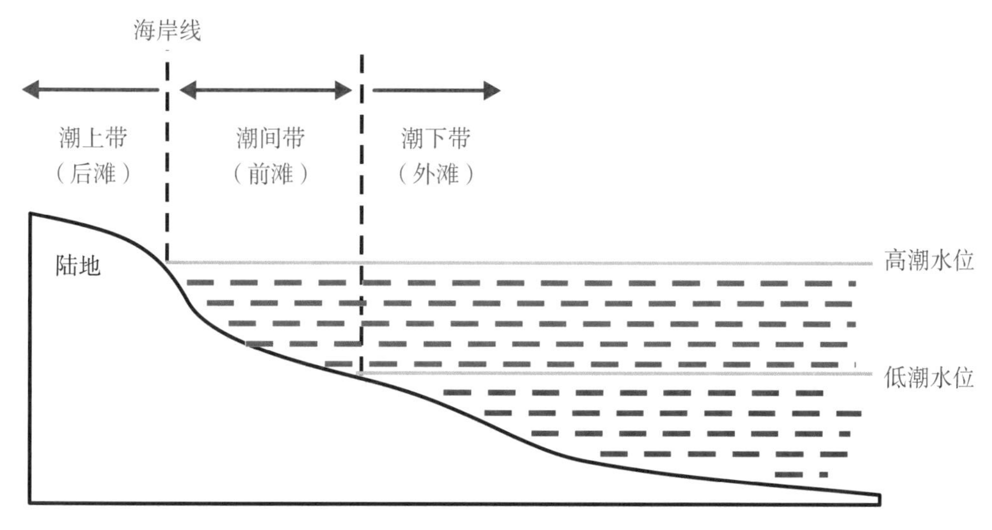

图 2－23　淤泥质海岸横剖面划分

（1）潮上带。潮上带位于平均大潮高潮位以上，一般只有在特大潮汛或风暴潮时海水才可达到这一范围。该带的淤泥质沉积物颗粒最细，向海的下界常有贝壳等有机沉积物，滩面的坡度较缓，一般在 0.1% 以下。在滩面的局部地方地势微有起伏，低部分洼地分布其间，有暴风浪作用和流水痕迹。

（2）潮间带。潮间带是指高潮和低潮潮位之间的海水活动地带，即高潮被淹、低潮出露的潮滩。此带泥沙活动频繁，侵蚀、淤积变化复杂，潮滩上留有由落潮水流冲刷而成的树枝状潮水沟，以及波浪侵蚀成的坑洼。

（3）潮下带。潮下带是指低潮位向海一侧的浅水区域，为潮滩的延伸部分。潮下带水下岸坡平缓，等深线延伸方向与岸近乎平行。该带的水动力作用较强，沉积物颗粒较粗，沉积物自低潮水边线向海逐渐变细。

在全球范围内的浅水区域，潮流都能带来较强的泥沙输移和沉积。受到近海岸的边界狭窄条件的影响，潮流从外海的旋转流向岸方向逐渐转变为往复流。而在淤泥质海岸这类地势较为低平的区域，潮流在其上面的作用有其特点。潮流在一个太阴日内存在着涨潮流、落潮流和憩流 3 种状态。由于潮波在这一区域内具有驻波的特性，使潮流过程和潮位过程存在一定的相位差，这就使憩流转流时刻常出现在高潮时刻或低潮时刻，而涨落潮的最大流速就常出现在中潮位时刻。另外，还受涨落潮不对称影响，通常涨潮时间要比落潮时间长。结合以上淤泥质海岸的潮流特性，潮流在进入宽阔的潮滩时，摩擦力从外海方向到陆地一侧逐渐减小，波浪的作用力也自低潮线向高潮线逐渐减小。潮滩上各部分被水淹没的时间也不同。因此，即使潮滩上的潮流强度都一样也会因各部分的所用时间不同而产生不同的沉积地貌。

2.4.5 生物海岸

生物海岸主要是由生物构建的海岸，多分布在热带和亚热带地区，主要包括红树林海岸、珊瑚礁海岸、湿地沼泽海岸。

（1）红树林海岸。红树林是指生长在热带、亚热带低能海岸潮间带上部，受周期性潮水浸淹，由以红树植物为主体的常绿灌木或乔木组成的潮滩湿地木本生物（如草本、藤本红树等）群落。红树林海岸是由耐盐的红树林植物群落构成的海岸，主要分布在低平的堆积海岸的潮间带泥滩上，特别在背风浪的河口、海湾与沙坝后侧的潟湖内最发育。

红树林是公认的“天然海岸卫士”，其特点是根系发达、树冠茂密，不但有防风、防浪、保护海岸的作用，还有减弱潮流、促进淤积和加速海岸扩展的作用。此类海岸除能有效地保护堤防外，还是海洋生物繁衍的优良场所，对促进海洋生态良性循环、维护海洋生态平衡具有特殊作用。合理开发利用红树林海岸的丰富资源时，应予以妥善保护。

（2）珊瑚礁海岸。珊瑚礁海岸是造礁珊瑚、有孔虫、石灰藻等生物残

骸构成的海岸。根据珊瑚礁的结构和形态，可分为岸礁（裙礁）、堡礁和环礁三类。岸礁是指靠近陆地的岸边呈带状分布的礁体，是最普遍的一种珊瑚礁。堡礁是指在离岸较远的浅海中，呈带状沿岸延伸的大礁体。环礁是指出露于海面上、高度不大的珊瑚礁岛，外形呈花环状，中央是个礁湖，湖水浅而平静，而环礁的外缘却是波涛汹涌的大海。

珊瑚礁有削弱波能及保护海岸的作用。当波浪进入岸礁带，波浪多发生破碎，能量逐步消减，海岸便得到保护。此类海岸也是鸟类和其他生物赖以在海域中栖息的场所。珊瑚岛礁还可以成为海运补给与救捞基地、海洋研究基地、海洋开发（如渔业、采油与采矿业）基地，也能成为海防前哨。

（3）湿地沼泽海岸。湿地沼泽海岸是指沿海水深 5 m 以上至陆上的最大风浪线，繁殖有大片草类，甚至乔木、灌木的低洼沼泽平原海岸，主要包括藓类沼泽、草本沼泽、灌丛沼泽、森林沼泽、沼泽化草甸，以及内陆盐沼等。其中，森林沼泽、灌丛沼泽、藓类沼泽和部分草本沼泽多分布在森林地带的林间地和沟谷中；草本沼泽和沼泽化草甸多发育在河（湖）泛滥平原、河漫滩、旧河道及冲积扇缘等地貌部位。草本沼泽中蒿草、蒿草－苔草沼泽则大多分布在我国西部高原地区宽谷、河漫滩、阶地、各种冰蚀洼地（如古冰斗、围谷、冰蚀谷湿地）等地貌部位。

2.4.6 河口定义和分类

1. 河口定义

河口的英文 estuary 一词来自拉丁文的 *aestus*，意思是潮汐的。《牛津高阶英汉双解词典》的定义是“大河的潮汐进出口，那里的潮水与河水相汇合”。《韦氏词典》则解释河口为“通道，在通道范围内潮水与径流相汇合。更普遍的解释则认为河口是河流下游终端的海湾。从自然地理的角度来看，河口湾是海岸的沉溺谷地”。从更专业化的角度看，比较广泛为河口学家接受的定义如下。

（1）1967 年，普里查德（Pritchard）提出河口的定义："河口是一个与开阔海洋自由相通的半封闭的海岸水体，其中的海水在一定程度上为陆地排出的淡水所冲淡。"入海河流示意如图 2－24 所示。

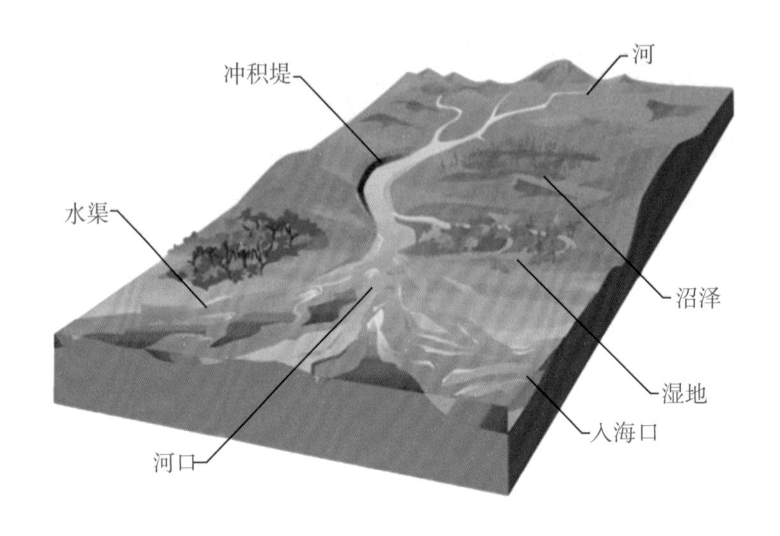

图 2－24　入海河流示意

首先，河口是一个"半封闭的海岸水体"，因此，它的环流类型在相当程度上受到侧向边界的影响。普里查德认为，侧向边界是河口的重要特性，应在河口定义中加以考虑。按照定义，河口是海岸水体，它的大小是有一定限制的。河口是海岸的一部分而不构成海岸，可以排除像波罗的海、波的尼亚湾和芬兰湾等水体。因为在这些水体中，侧向边界对水体的运动学和动力学特征已失去其重要性。这样也可以把被冲淡水在开敞海岸向外延伸的大海域从河口范畴中排除，如美国长岛与哈特拉斯角间的内大陆架。

其次，"海岸水体与开敞海有自由联系"。所谓"自由"，是指这种联系必须足够允许海洋与河口间的水交换基本上是连续的，有足够的盐水经常维持河口环流类型的特征。这个限制排除了那些涨落潮流不能在整个潮周期内自由通过的半封闭的海岸水体。例如，南美洲的"隐蔽河口"（blind estuary），此类河口的特点是被由沿岸漂沙产生的沙嘴部分封堵，

每年旱季时河口可能完全被封闭，仅在大雨时连通。因此，这种类型的地貌单元是海岸潟湖，而不是河口。

最后，河口的海水“被流域的淡水明显地冲淡”，即在这里必须有盐水和淡水的混合。其物理意义是指海水被河水冲淡，产生密度梯度，从而导致特有的河口环流。按照普里查德的定义，河口的上界是盐水入侵的上界，河口的长度就是口门到上界。河口动力学的相关文献，特别是欧美的文献普遍接受普里查德的定义。但在实际应用上，许多河口研究文献如海湾、海峡、潮汐通道和潟湖都列入河口的范畴。

（2）其实，在1963年迪安内（Dionne）已提出河口的定义：“河口是河流与海洋之间的通道，它向陆延伸到潮升的上限。这个范围通常可以划分为3段：海洋段或河口下游段，它与开阔海洋自由联系；河口中游段，那里的盐、淡水发生混合；河口上游段或河流河口段，主要为淡水控制，但每年受潮汐影响。”这3个段随径流量变化而发生迁移。

实际上，迪安内的河口定义与萨莫依洛夫在1952年和1958年提出的河口定义几乎是相同的，都从河口的宏观形态及动力上定义，同时强调了时间的尺度。萨莫依洛夫将河口划分为河流近口段、河流河口段、口外海滨段等组成部分（图2－25）。①河流近口段，通常指潮区界和潮流界之间的河段，潮汐作用使这一河段的水位产生有规律的涨落，水流的流向始终指向下游方向，地貌上完全是河流形态。②河流河口段，那里的水流可以是单一的水流，也可能分叉形成三角洲网河。在这一河段里径流和潮流两种力量相互消长。愈向上游，径流作用愈显著；愈向下游，潮流逐渐加强。水流变化复杂，河床不稳定，地貌上表现为河道分汊、河面展宽，出现河口沙岛。③口外海滨段，它是从河口段的海边到滨海浅滩的外界。在大陆架狭窄的地区，口外海滨的外界和大陆坡相连接。这里以海水作用为主，除了潮流，还有波浪和靠近河口的海流的影响，地貌上表现为水下三角洲或浅滩。

以上定义在一定程度上反映不同学科对河口特征的着眼点和理解的不同。普里查德的定义及他本人对定义的解释反映河口海洋物理学家的特点，定义强调河口水流运动的运动学和动力学受边界条件的影响，并以此区别河口与其他水体，如海湾、潟湖，同时认为密度梯度是河口环流的最重要驱动力。萨莫依洛夫和迪安内则从河口的宏观、形态与动力加以定义，它的有意义的时间尺度也比较长。这一定义强调的动力是海洋和潮汐，同时也突出河流的作用。而在普里查德的定义中，河流是通过淡水来体现的。两种定义的区别还在于它们对河口上界的规定，普里查德的河口上界是以盐度为指标的，那里盐度大体下降至0.02%。而萨莫依洛夫和迪安内的定义，河口上界是潮汐影响的上界。

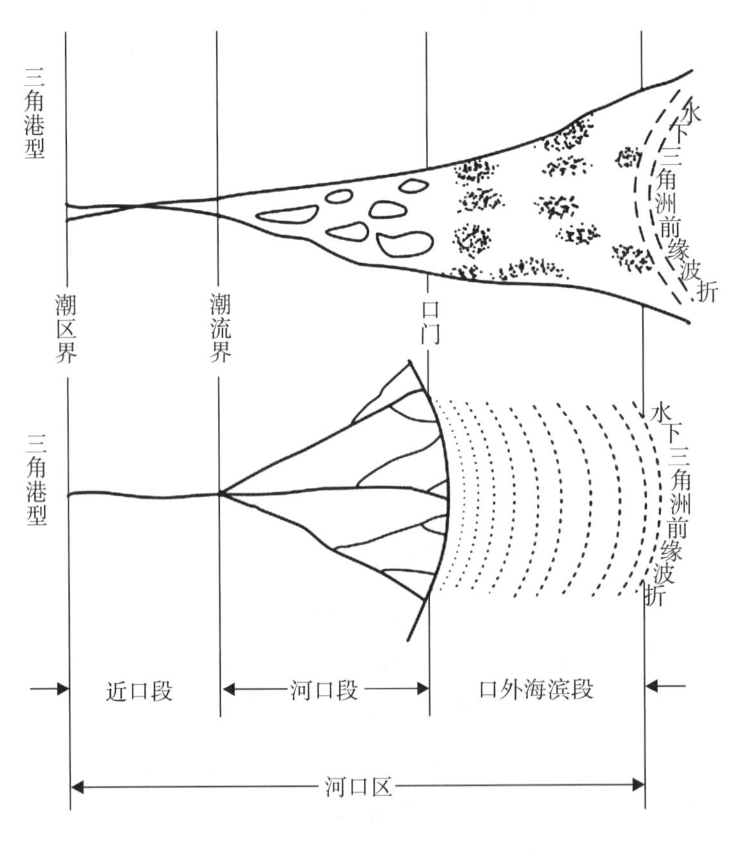

图2-25　萨莫依洛夫的河口分区示意（略有修改）

由于自然现象的复杂性与多样性，上述定义都不可能是完善的。实际上，河口的定义不仅应该包括地理上的重要参数，如地貌、水文、沉积等，河口的物理概念如温度、盐度、风、潮汐等和生态方面的参数也应该

涉及。1995 年，Perillo 针对大部分已有的定义和其他定义进行综合分析后，提出以下河口的新定义："河口是一个半封闭的海岸水体，可延伸到潮汐影响的有效范围内。河口内海水可以从一处或多处与外海或任何其他海岸盐水体自由连接，并且被由地表径流带来的淡水严重稀释。河口可以维持广盐生物种类的一部分或整个生命周期。"

2. 河口分类

全球大部分河流的现代入海河口的形成和演变只有 6000 ～ 7000 年历史。它们是在冰后期海侵时，海面迅速上升而淹没晚更新世低海面时的古河谷形成的。在不同海岸地区，这些沉溺河谷受潮流、径流、波浪、风等不同动力的作用和泥沙运动的影响，使各河口都具有各自特征。近半个世纪以来，河口学研究的进展积累大量的资料，使河口分类成为可能。与河口的定义一样，各种河口分类方案反映不同学科与不同研究者对河口不同方面的认识和概括。

（1）按自然地理和形态分类。1980 年，费尔布里奇（Farbridge）根据河口的地形特征和泥沙阻塞程度将河口的类型进行概括，如图 2 – 26 所示。

A. 峡湾（fjord）河口。峡湾是冰川在前期存在的河流河谷上侵蚀形成的地形。河口断面呈"U"形，在出口附近往往有一槛状凸起，如挪威海岸许多河口。

B. 里亚式河口。里亚式河口的构造走向与海岸垂直，河谷断面往往呈"V"形。

C. 平原海岸河口。平原海岸河口在平面上呈喇叭型，地形起伏小，如美国东岸许多河口。

D. 沙坝河口。沙坝河口的地形起伏小，有河口沙嘴发育，河口延伸方向受沙嘴延伸方向限制，下游河段走向与海岸线平行。

E. 堵塞河口。堵塞河口的地形起伏小，沿岸漂沙或沙坝造成河口季节性堵塞。

F. 三角洲河口。三角洲河口是指在三角洲前缘、分汊河道堆积体上发育的河口。

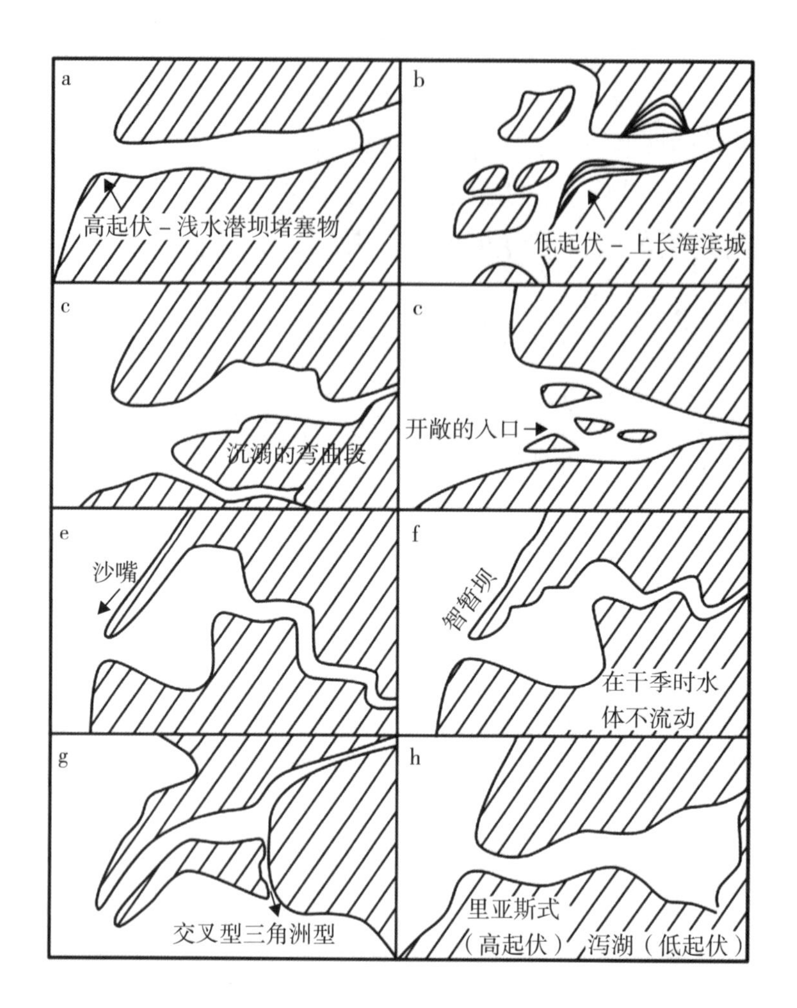

图 2－26　费尔布里奇的河口自然地理分类（略有修改）

a、b：峡湾；c：里亚式河口；d：海岸平原型——喇叭状；e：沙坝河口；f：堵塞河口；g：三角洲（前沿河口）；h：构造河口（复合型）。

G. 构造河口。构造河口是指在低平原海岸的背后发育的亚里式河口。

上述分类主要是一种形态的分类。虽然涉及动力和泥沙运动，但分类的原则是形态学的。由于自然界的复杂性，上述分类还可以增加新的类型。

1952 年，普里查德也从形态学角度提出河口的分类，包括峡湾河口、沉溺河谷河口（海岸平原河口）、沙坝河口、构造型河口。

A. 峡湾河口。在高纬度地区，更新世冰川作用形成的河口为峡湾河口，如在北欧挪威及阿拉斯加等地许多河口。

B. 沉溺河谷河口。这些河口是冰后期海侵时更新世低海面时古河谷。

C. 沙坝河口。沙坝河口是具有河口沙坝所形成的复式岸线的一类河口。河口沙坝有一个或数个通道使其内水体与外海“自由联通”。

D. 构造型河口。构造型河口是指由构造运动形成的河口，如美国的旧金山湾区。

（2）按潮汐的分类。1975 年，Hayes 以自然特征为基础，考虑潮汐的变化，将河口分成 3 种：①弱潮河口，潮差小于 2 m，由风和波浪作用决定，潮汐只在口门有效；②中潮河口，潮差在 2 ～ 4 m，潮流作用占优势；③强潮河口，潮差大于 4 m，潮流作用占绝对优势。

实际河口中，控制河口形态的动力因素除了潮汐，还包括波浪、径流量等。1992 年，Dalrymple 组合了河流的流量、波浪、潮汐随时间的变化，将河口分成更多的模式。三棱镜代表随潮汐、波浪、河流 3 种动力作用不同的海岸环境，三棱镜的每一个切槽表示同时间无关的三角形与每一特定海平面上升的环境优势力的相关性（图 2 – 27a），采用三角形表示各个河口的河流、潮汐、波浪等作用的相对重要性（图 2 – 27b）。

（3）按盐度结构的分类。目前，广泛研究的河口大部分是普里查德分类中的海岸平原河口。这一类河口的环流类型、密度分层和混合过程有很大区别。根据河口的盐度分布和水流特征进行分类，可以使我们对河口及其环流类型有更清楚的了解。需要注意的是，由于这一分类的原则具有短周期的特点，它的类型与河口纵向部位、季节、风的状况相关。

普里查德和卡麦隆、普里查德分别在 1955 年和 1963 年按河口的分层特点和盐度分布对河口进行分类。他们定义了 4 种河口：高度成层盐水楔河口、高度成层峡湾型河口、部分混合型河口和垂直均匀混合型河口。其中，垂直均匀混合型河口又可以进一步分为侧向非均匀混合型河口和断面均匀混合型河口 2 个亚型。

A. 高度成层盐水楔河口。这类河口径流量与潮流量之比，或称山潮比很大，而河口的宽深比相对较小。密西西比河河口是这一类型河口中研究的最为深入的。密西西比河口的潮汐是全日潮，平均潮差为 70 cm，河流流量为 $0.5\times10^4\sim1.4\times10^4\ m^3/s$。在西南通道，涨潮或落潮，在盐水楔内都维持上溯流，而在表层是下泄。西南通道的通航维持水深是 12.2 m。南通道的维持水深是 15.2 m。上溯流仅发生在涨潮期间，表层仍为下泄流。在落潮时，表底层为下泄流。图 2-28a 是高度成层盐水楔河口盐度分布示意。这类河口以密西西比河口和瓦拉河口为代表。

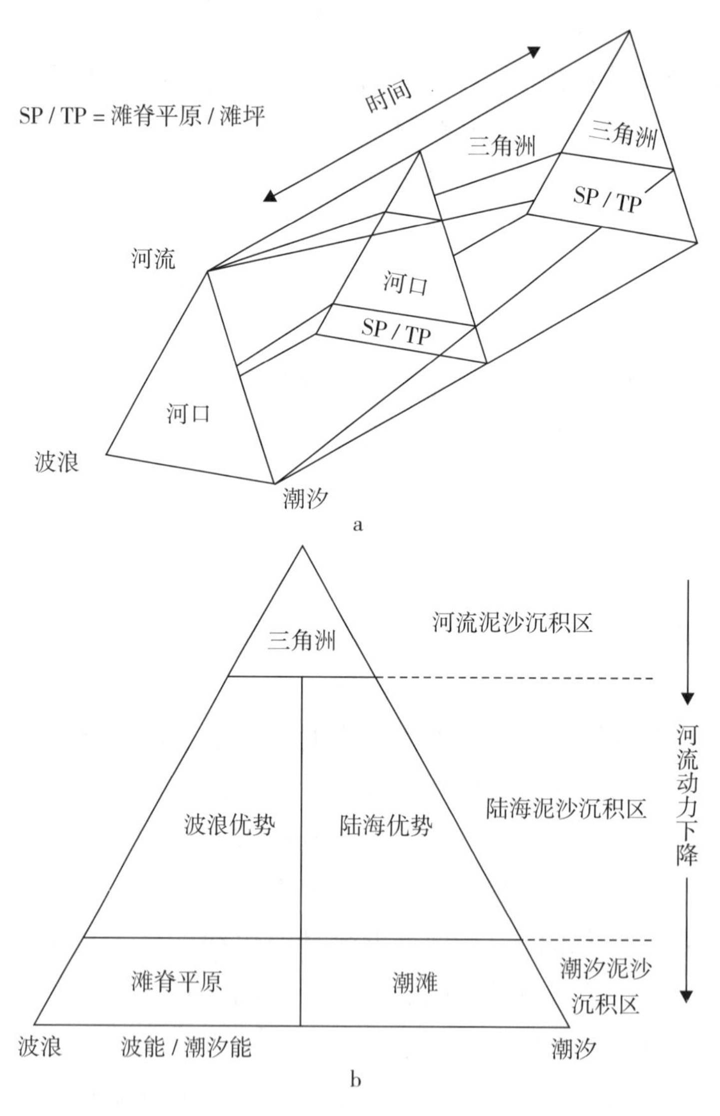

图 2-27　Dalrymple 的河口分类（略做修改）

a：河口演化过程；b：河口动力要素分类。

B. 高度成层峡湾型河口。峡湾型河口与盐水楔河口有许多相似之处。下部等盐度层相当深。河流与潮流相比占优势，混合过程是盐水向淡水掺混的单向过程。上层一般从河口到上游是维持恒定的厚度，但流量向河口增加。在一些峡湾，上层的厚度限于表面至“海槛”的厚度（图2-28b）。1961年，普里查德认为，当河流流量高时，表层水接近均匀，最大盐度差发生在表面以下。流量低时，表层水盐度比较不均匀，最大盐度梯度发生在表面。这类型河口有阿尔伯尼河口（在英属哥伦比亚）、西佛湾（在阿拉斯加）。

C. 部分混合型河口。当潮流足以使盐、淡水产生比较明显的混合时，就形成部分混合河口。大部分海岸平原河口可以归入这一类型河口。这一类型河口表层盐度逐渐向海递增，未盐化的淡水只存在于河口上界以上。垂向上表层与底层仍有明显盐度差，垂向最大盐度梯度的位置随径流、潮流的强度而改变。在涨潮过程中，表底部水流均指向上游，落潮时表底层流均指向下游，其间可能有一定的相位差。这一点与盐水楔河口是不同的。此外，在一个全潮或多个全潮平均状态下，在河口存在垂直密度环流，或被称为垂直非潮汐环流（non-tidal circulation）。其潮周期平均流速在表层指向下游，在底层则指向上游（图2-28c）。其驱动力为水平密度梯度。在这一环流的顶端，上游方向的潮平均水流在表底层均指向下游；而在顶端的下游一面，表层潮平均水流指向下游而底层水流指向上游，形成所谓的“滞流点”。上下游带来的泥沙往往在此处沉积。这是河口最大混浊带形成的重要机制之一。这一类型河口的山潮比值一般较高度成层的盐水楔河口的小。美国东海岸的许多小河口、James河口，英国的Mersey河口、墨西河口，我国的长江及珠江各河口均可列入本类型。

D. 垂直均匀混合型河口。这一类型河口潮差大，潮流作用强，径流作用弱，河槽的宽深比较大，因而混合作用强烈。由于没有盐度梯度，混合仅发生在水平方向上。在垂直方向上没有盐量交换，在纵向上盐度从河口向上递减（图2-28d）。这类河口可以划分为2个亚型。

（A）侧向非均匀混合型河口。由于混合强烈，垂向上表底盐度差不超过0.2%～0.3%。由于河宽较大，在柯氏力作用下，北半球河口左侧盐

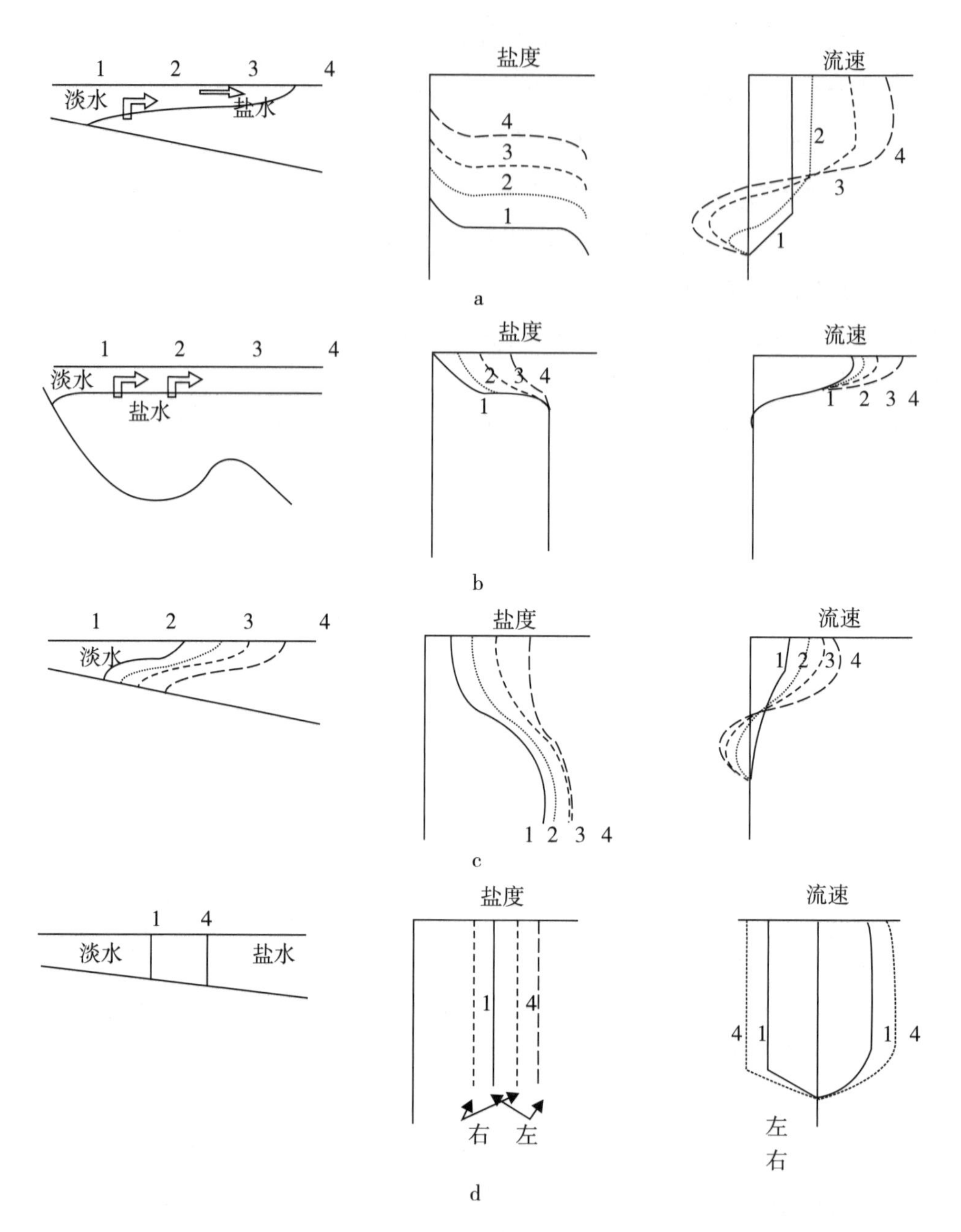

图 2－28　各类型河口的流速与盐度

a：高度成层盐水楔河口；b：高度成层峡湾型河口；c：部分混合型河口；d：垂直均匀混合型河口。

度较高（面向海洋），右侧较低。余流通常沿河口的左侧上溯，而沿右侧下泄入海。因此，河口区存在着水平环流。我国钱塘江、英国泰晤士河、美国德拉瓦尔河口和拉瑞顿（Raritan）河口均属此类。

（B）断面均匀混合型河口。这类河口与侧向非均匀混合河口基本相同。由于宽度较小，在强烈的潮汐作用下，在垂向上和横向上盐度差都很小，即盐度分布在整个断面上都是均匀的，仅在纵向上向上游盐度递减。盐水楔入侵的距离取决于潮汐强度、密度差、河槽的深度和宽度、径流量等。

第3章

认识实习的基本方法和常用技能

3.1 野外实习常用工具和使用方法

3.1.1 地质罗盘

地质罗盘是从事地质及自然地理野外工作必需的测量工具。熟练、准确地使用地质罗盘可准确收集野外一手地质、地理资料，为区域地质、地理研究提供可靠的依据。于地理类专业学生而言，地质罗盘使用方法是今后学习、工作、研究必不可少的技能。目前，虽然有些电子仪器（如 GPS 等）可替代罗盘的部分功能，但受天气状况、电子波信号强度及仪器所在位置的地形状况等条件的影响较大。而罗盘以其受环境条件限制少、携带方便、操作简单和价格低廉等优点，在野外地质工作中得到广泛应用。

1. 结构

地质罗盘结构上可分为底盘、外壳和上盖，主要仪器均固定在底盘上，三者用合页联结成整体，可用于识别方向、确定位置、测量山坡坡度及地质体产状等（图 3 - 1）。主要部件如下。

（1）磁针。磁针一般为中间宽两边尖的菱形钢针，安装在底盘中央的顶针上，可自由转动。不用时应旋紧制动螺丝，将磁针抬起压在盖玻璃上，避免磁针帽与顶针尖的碰撞，以保护顶针尖，延长罗盘的使用寿命。在进行测量时放松固动螺丝，使磁针自由摆动，最后静止时磁针的指向就是磁针子午线方向。由于我国位于北半球磁针两端所受磁力不等，使磁针失去平衡。为了使磁针保持平衡，常在磁针南端绕上几圈铜丝，用此方法也便于区分磁针的南北两端。

（2）刻度盘。刻度盘有内外 2 个刻度盘，外刻度盘被称为水平刻度盘，逆时针刻有 0°～360°，0°和 180°分别表示 N 和 S，90°和 270°分别为 E 和 W，主要用于测量方位角、岩层（或构造面）走向和倾向。内刻度盘

以E或W位置为0°，以S或N为90°，用于测量岩层（或构造面）倾角和地形坡度。

（3）悬锥。悬锥是测斜器的重要组成部分，悬挂在磁针的轴下方，通过底盘处的觇扳手可使悬锥转动。悬锥中央的尖端所指刻度即为倾角或坡角的度数。

（4）水准器。水准器通常有2个，分别装在圆形玻璃管中。圆形水准器固定在底盘上，长形水准器固定在测斜仪上。

（5）瞄准器。瞄准器包括接物和接目觇板，反光镜中间有细线，下部有透明小孔，使眼睛、细线、目的物三者成一线，作瞄准之用。

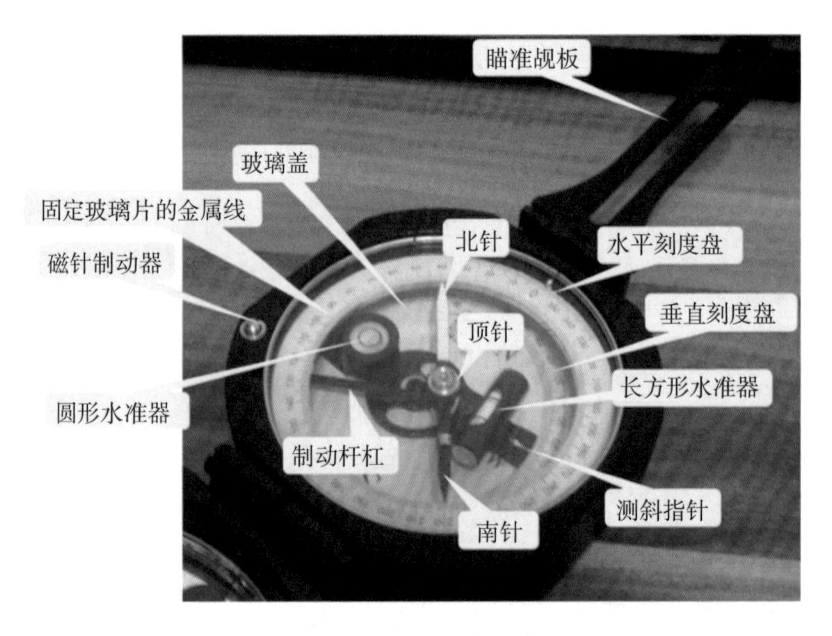

图3-1　地质罗盘结构

2. 磁偏角校正

地磁的南、北两极与地理上的南、北两极位置不完全相符，即磁子午线与地理子午线不相重合，地球上任一点的磁北方向与该点的正北方向不一致，这两方向间的夹角叫磁偏角。地球上某点磁针北端偏于正北方向的

东边被称为东偏，偏于正西方向被称为西偏。东偏为正，西偏为负。地球上各地的磁偏角都按期计算、公布，以备查用。若某点的磁偏角已知，则一测线的磁方位角 A 磁和正北方位角 A 的关系为 A 等于 A 磁加减磁偏角。应用这一原理可进行磁偏角的校正，校正时可旋动罗盘的刻度螺旋，使水平刻度盘向左或向右转动。磁偏角东偏则向右，西偏则向左，使罗盘底盘南北刻度线与水平刻度盘在 0°～180°连线间的夹角等于磁偏角。经校正后测量时的读数即为真方位角。

3. 使用方法

（1）测量方位。测量某物体的方位是野外地质工作者应具备的最基本的技能。在定点时，先测量观察点位于某地形或地物的方位。测量时打开罗盘盖，放松制动螺丝，让磁针自由转动。当被测量的物体较高大时，把罗盘放在胸前，用罗盘的长水准器对准被测物体，然后转动反光镜，使物体及长瞄准器都映入反光镜，并且使物体、长瞄准器上的短瞄准器的尖及反光镜的中线位于一条直线上，同时保持罗盘水平（圆水准器的气泡居中）。当磁针停止摆动时，即可直接读出磁针所指圆刻度盘上的读数，也可按下制动螺丝再读数。

（2）测量坡度。地形坡度角是指观测者至目的物两点的连线与其在水平面上投影线所夹的角度。斜线向下为负，向上为正。用地质罗盘测量地形坡度角是将瞄准觇板折成直角的小孔—反光镜中间线—目的物三点成一直线。将罗盘侧立，调节圆柱状水泡居中，垂直度盘上指示器留下的度数即是所测坡度角。坡度角的表示方法是，观测者至目的物仰角为正，俯角为负。

（3）测量岩层产状。岩层产状要素包括岩层的走向、倾向和倾角。岩层走向是岩层层面与水平面交线的延伸方向。岩层倾向是岩层面上的倾斜线在水平面上的投影所指方向。倾角是倾斜线与水平面的夹角。

测量岩层走向时，将罗盘的长边（与罗盘上标有 N-S 相平行的边）的一条棱与层面紧贴，如图 3－2 所示，然后缓慢转动罗盘（注意：在转动过程中，罗盘紧靠层面的那条棱的任何一点都不能离开层面），使圆水准器的气泡居中。磁针停止摆动，这时读出磁针所指的读数即为岩层之走向。读磁北针或磁南针都可以，因为岩层走向是朝两个方向延伸的，相差 180°。

图 3 -2　岩层产状测量方法示意

测量岩层的倾向时，如图 3 -2 放置罗盘，将罗盘南端（标有 S）的一条棱紧靠岩层面，这时长瞄准器指向与岩层的倾向一致，并转动罗盘，转动方法及原则同上。当罗盘水平、磁针不摆动时，就可读数。如图 3 -2 放置罗盘，应读磁北针所指的读数。当测量完倾向后，不要让罗盘离开岩层面，马上把罗盘转 90°，令罗盘直立。如图 3 -2 放置，使罗盘的长边紧靠岩层面，并与倾斜线重合，然后转动罗盘底面的手把，使测斜器上的水准器（长水准器）气泡居中，这时测斜器上的游标所指半圆刻度盘的读数即为倾角。

在测量地层产状时，一般只需测量地层的倾向和倾角，而走向可通过倾向的数字加或减 90°得到测量倾向和倾角时，必须先测倾向，后测倾角。

若被测量的岩层表面凹凸不平，可把记录本平放在岩层面上当作层面，以便提高测量的准确性和代表性。如果岩层出露很不完整，这时要找岩层的断面，找到属于同一层面的3个点（一般在两个相交的断面易找到），再用记录本把这3个点连成一平面（相当于岩层面），这时测量记录本的平面即可。

3.1.2　皮尺

皮尺是一种测量工具，主要用于测量地貌单元的几何参数，如海滩的宽度、海蚀平台的宽度、沉积剖面的深度等。

使用皮尺时，将皮尺的0刻度贴紧测量体的一端，然后保持与测量体平行，拉动尺子到测量体的另一端，并且紧贴这一端。视线与尺子上的刻度保持垂直，读取数据。皮尺两侧的测量单位一般为厘米和寸，其中，10 cm等于3寸，10寸为1尺。

由于皮尺材质具有延展性，使用皮尺丈量时，注意不要用力猛拉，以防拉长或拉断。测量时还需注意环境温度，皮尺会产生微小的热胀冷缩，对测量精度有一定的影响。皮尺不得沾染泥水。测量完毕后，应卷入盒内，卷时用食指中指夹持，以免打卷入盒，不要放在地上拉行。

3.1.3　手持式全球定位仪 GPS

GPS是美国于1973年筹建的全球定位系统，于1994年建成并投入使用，可向全球提供实时的三维位置、速度和时间信息。GPS定位系统的基本原理是测量出已知位置的卫星到用户接收机之间的距离。当GPS测量仪接收到3个及3个以上的导航卫星信号时，综合多颗卫星的数据就可以计算出测量仪（GPS接收机）所在的大地坐标的位置。接收到4个及4个以上卫星信号时，还可以计算出海拔高度。

国产手持式GPS中内置北京54坐标系和西安80坐标系。使用前必须先分辨清楚地形图使用的坐标系，找出所在投影带的带号并计算出中央子午线经度，将 GPS 坐标系统选择为相应的坐标系统，设置好中央子午线经度即可使用（图 3 –3）。按翻页键至卫星接收状态，当 GPS 能够收到 4 颗及以上卫星的信号时，它能计算出本地的三维坐标：经度、纬度、高度。当 GPS 只能收到 3 颗卫星的信号时，它只能计算出二维坐标：经度和纬度。这时它可能还会显示高度数据，但这数据是无效的。若 GPS 已收到 4 颗以上的卫星信号，并且信号良好，即可长按输入键以获取定点坐标。应该注意的是，到达某一位置，不要急于测定其坐标，而要等手持 GPS 静止 1 ～ 2 min，然后再测定，这样求得的坐标较为准确。

GPS 比较费电池，多数 GPS 使用四节碱性电池，一直开机可用 20 ～ 30 h，说明书上的时间并不是很准确，长时间使用时要注意携带备用电池。大部分 GPS 有永久的备用电池，它可以在没有电池时保证内存中的各种数据不会丢失。

图 3 –3　国产手持式 GPS

3.1.4　海图

海图是为以海洋及其毗邻的陆地为描绘对象的地图，按一定比例尺和投影方法绘制，是必不可少的航海工具。

海图一般使用墨卡托投影，即等角正圆柱投影，它的特点在于：图上的经线相互平行，纬线相互平行，且经线和纬线垂直；图上1′经度的图长处处相等，图上1′纬度的图长随纬度的升高渐长；图上同一纬线上的局部比例尺相等，不同纬线上的局部比例尺随纬度的升高增大；图上恒向线为直线；具有等角投影的特性。

当海图比例尺大于1∶20000时，常用高斯投影，即等角横切椭圆柱投影，它的特点是：中央经线为直线，长度无变形；赤道与中央经线成正交的直线；除中央经线和赤道外的其他经纬线是对称与中央经线和赤道的曲线；无角度变形；在非中央经线上有长度变形。

航海图按航海中的不同用途可分为海区总图、航行图和港湾图。航用海图内容包括两大类，一类表示自然地理特性，如岸行地貌、山峰、岛屿、水深、底质、礁石、浅滩、锚地、冰区、磁差等；另一类表示人工设施和人为障碍物，如码头及其他系泊装置、航标、无线电导航台、海底电缆、禁止抛锚区、水雷区、沉船区等。以上内容在海图上要求尽可能准确，资料尽可能详细，图面尽可能清晰。因此，内容都用图式标记。航用海图内容随时根据《航海通告》等有关资料进行改止和补充，以保持其现实性。

一幅完整的海图通常包括的部分如下。

（1）海图标题栏。海图标题栏是该图的说明栏，一般刊印在海图内陆处或航行不到的水面上，特殊情况下也可能印在图廓外适当的地方。海图标题栏主要内容包括图名、海图比例尺、海图投影、深度和高程的单位及其基准面等。有关使用图的重要说明也印在此栏内，如禁航区、雷区、禁止抛锚区、航标等与航行安全有关的说明及重要注意事项或警告。有些海图标题栏还附有图区内重要物标的对景图、潮信表、潮流表和换算表等资料。

（2）图廓注记。在海图图廓四周注记有许多与出版和使用海图相关的资料，被称为图廓注记。图廓注记主要内容包括海图图号、出版和发行情况、小改正、图幅、对数图尺、邻接图索引等。图号在图廓的四角，图号一般从北向南按海区编排。出版机构的全称在图廓下边的中部，出版机构名称的右边是出版和改版日期，出版机构名称的左边是补充的图式符号和其他说明。小改正列在海图图廓的左下角。海图图幅尺寸印在图廓的右下角的括号内，是海图内框的尺寸，用于检查海图是否有伸缩变形。邻接图索引一般在海图内不影响航行的空白处，指明邻接图的图号，以便于换图（1982 年以前出版的中版海图，其索引印在图廓下边的中部）。

（3）基准面。基准面包括深度基准面和高程基准面。深度基准面是计算海图水深的起算面。我国采用理论深度基准面，即以理论上的最低低潮面作为深度基准面，这样海图上标注的一般比实际水深小（实际水深等于海图水深加潮高），有利于保证船舶航行安全。高程基准面的山高或岛屿高一般以 1956 年黄海平均海面为基准面起算。对于台湾、舟山及远离大陆的沿海岛屿的高程基准面，采用当地平均海面；对于海南岛的高程基准面，采用榆林港平均海面。干出礁、干出滩等的高度是从深度基准面起算，灯塔、灯桩及沿海地区陆上发光灯标的高度是从平均大潮面起算。

（4）经纬度。经度是基准经线与过位置点的经线在赤道上所夹的弧长，以基准经线为 0°，向东、西各计算 90°。基准经线以东的被称为东经，基准经线以西的被称为西经，分别用 E 和 W 表示，单位是度（°）、分（′）和秒（″）。纬度是赤道与过位置点的纬圈在经线上所夹的弧长，以赤道为 0°，向南、北各计算 90°。赤道以北的被称为北纬，赤道以南的被称为南纬，分别用 N 和 S 表示，单位是度（°）、分（′）和秒（″）。

（5）水深。海图上水深标注（整数）的中心即为水深的实测点位，实测水深一般用斜体注记表示。对于礁石上的水深及用等深线显示地形的最浅水深，通常将其水深注记移至附近表示。直体注记水深表示深度不准确，采自小比例尺图或旧版资料的水深。特殊水深通常用虚线圆圈注记，是指深度明显浅于周围的水深（一般浅于 20%），此处可能存在浅滩，但又不宜改为暗礁符号的位置。对于海图水深的精度，水深浅于 21 m 的注至 0.1 m，水深 21 ~31 m 的注至 0.5 m，深于 31 m 的注至整米。

3.2 野外记录簿的使用

3.2.1 记录格式与规范

在野外考察中，应将观察到的各种现象准确、清楚、系统地记录在专用的野外记录簿上。野外记录是最宝贵的原始资料，也是野外工作的重要成果。野外记录的质量直接关系到野外实习的质量，反映考察人员的工作作风和科学态度，因此，要记录认真、态度严谨、格式通用、术语准确、字迹清楚。野外记录内容包括文字和图件两部分。

1. 文字记录

文字记录在野外记录簿的右页，是记录者将在野外观察到的内容按一定规格，用铅笔记录在记录簿上。野外记录除自己看外，还可能供他人查阅，是一个地区最原始的资料，因此，完全不同于上课笔记或读书笔记。为便于大家都能看懂记录，除文字清晰外，还要按一定格式记录。记录格式如表 3 – 1 所示，文字记录要求如下。

（1）文字记录在野外完成，一般不能凭室内想象或追忆记录，记录内容必须是自己观察到的现象，绝对不允许照抄别人野外记录簿的内容。

（2）记录要认真，文字清晰，条理清楚，格式正确。

（3）只能用铅笔（最好是 1H），不能用其他笔记录。

（4）记错的地方用铅笔删掉或改正，不要用橡皮擦掉重新写，绝不能撕掉废页。上交野外记录簿时，页码要齐全，不能缺失。

（5）野外记录簿是专供记录野外现象之用，除记录与野外考察的相关内容外，不得记录任何其他内容。

表 3－1　野外记录簿文字记录格式

2018 年 7 月 23 日，星期日，天气晴

地点：深圳市大鹏湾半岛杨梅坑　　　　1

路线：基地—杨梅坑—鹿嘴山庄—基地

任务：（1）了解实习区自然地理概况。

（2）观察基岩海岸的海蚀地貌。

（3）观察现代海蚀作用。

地点 1：

位置：鹿嘴山庄山顶。

意义：基岩海岸海蚀地形观察点。

（1）该地点观察到的海蚀地形有：海蚀崖、海蚀洞、海蚀平台……

（2）……

---

2. 图件记录

图绘在野外记录簿的左页（厘米纸），是为了配合文字记录而进行的。在野外，当记录者为了更清晰而形象地把所观察到的现象表示出来，而用文字较难说清楚时，就可采用图来表示内容。图常能起到简洁、直观、明了、形象地说明地貌特征的作用，使阅读者能较快、正确地理解记录者所表示的内容，建立空间概念。这些特点都优于文字记录。图的类型有多种，可根据需要绘制不同的图件。常用的图件包括地质素描剖面图、平面示意图、地质信手剖面图等。无论何种图件，它们都必须具备以下内容：图名、比例尺、方位、图例及所表示的内容。它们的相对位置如图 3－5 所示，也可将图例放在比例尺与图名之间。要求图面内容正确、结构合理、线条均匀、清晰、整洁美观等（图 3－6）。

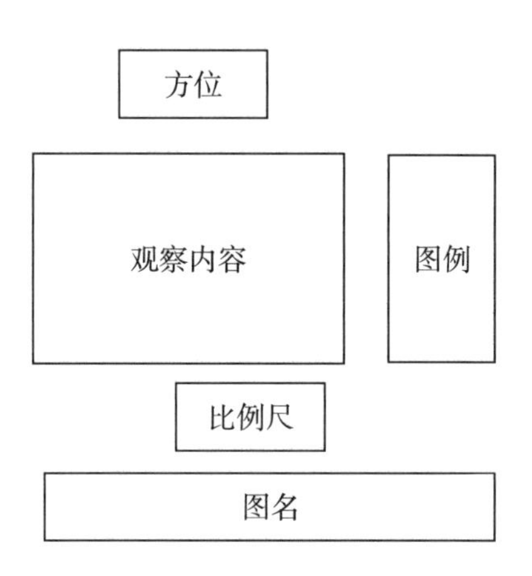

图3－5　图件各项内容相对位置

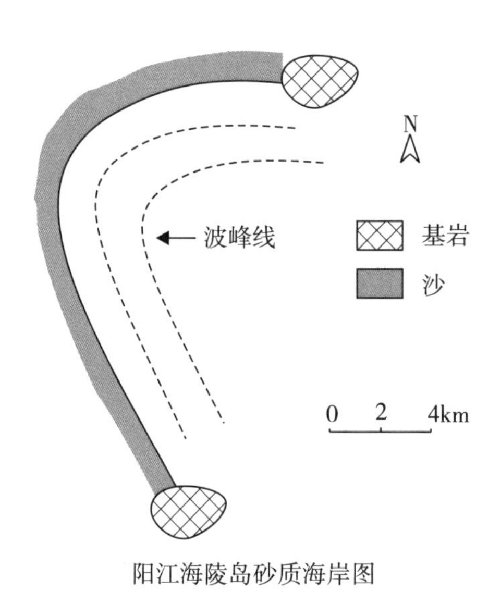

图3－6　弧形海岸平面

3.2.2　室内整理

白天在野外记录的内容（如文字、图件等），回到室内要进行整理。原则上文字不能改动，但由于下雨等原因，未来得及记录的内容，回到室内可以根据当天拍摄的照片或回忆加以补充，或者对一些记错的内容加以改正，但必须加上“补充”或“批注”等字，以免与野外记录混淆。野外记录簿上的图件要清绘、上墨。方法是用绘图笔蘸绘图墨水或碳素墨水，按野外用铅笔画好的线条逐一上墨，补充未完成的内容，如图例、图名等。

3.3 野外沉积剖面的观测

3.3.1 材料和工具

（1）剖面定位用材料及工具：地形图或海图、全球定位仪、海拔表等。

（2）挖掘修整用工具：铁锹、镐、剖面刀、地质锤等。

（3）观测采样用材料及工具：地质罗盘、皮尺、数码相机、样品袋、标签、防水笔、野外记录簿等。

3.3.2 观测点的选择与挖掘

1. 剖面点选择原则

（1）选择沉积物、地形条件（如坡向、坡度、坡位等）具有代表性的地点。

（2）不宜在人为影响较大的地点设点。

2. 剖面挖掘要求

（1）剖面坑长 1.5 m，宽 1.5 m，深 2.0 m（或达到地下水层）。

（2）挖掘时沉积物应堆放于坑洞两侧，观测面上部不要踩踏或堆土，

以免破坏表层结构，影响剖面的观测。

（3）剖面在观测、记录和采样的过程中，宜受到阳光照射，观察面应铅垂向下，对面坑壁修成阶梯状，便于观察者上下工作。

（4）挖掘完成后，将观察面修平整，再自上而下、从左到右整理出宽约 10 cm 的自然状态断面（无刀痕）。

3.3.3　剖面特征观测与记录

1. 剖面层次划分

根据沉积物颜色、结构、质地、石砾含量、紧密度等特征的不同，初步划分沉积物剖面层次（图 3－7）。

2. 剖面摄影

剖面摄影应包括远景图、剖面景观照和剖面照片，拍摄剖面照片时，应在剖面处放置标尺记录深度。

3. 观察点基本情况的记录

（1）编号。在一项调查任务中，各编号应统一，宜体现调查时间与区域。

（2）地点。观察点的详细地点，如省、市、县、乡镇、村及小地名等。

（3）剖面位置。剖面的经纬度，可用全球定位仪测量。

（4）地形。地表面高低起伏的自然形态，分为大地形、中地形和小地形，大地形和中地形根据地貌图确定，小地形依据野外目测确定。

（5）坡度坡向。使用地质罗盘测定坡度坡向。

（6）记录注意事项。记录时应使用铅笔或防水笔，观察记录表推荐采用统一的表格，也可根据实际情况自行绘制，但在同一项调查任务中应使用相同格式的表格。表中各项应尽可能填写完整，未经观察的项目应留下空格，经调查而无结果的项目应在格内划“/”表示。

图3－7　砂质海岸沉积剖面

3.3.4　样品采集

（1）从剖面最下部逐层向上采集各层次中部最具代表性的部分，按层次装入样品袋内。样品袋上写明编号、采集时间、地点、采集深度等信息。

（2）每个样品的取样量为 0.5 ～ 1.0 kg。若沉积物中含有大量石砾，则应连同石砾一并采集 2.0 kg 以上。

（3）观察、采样完成后应将剖面回填，回填时应先填底层沉积物，后填表层沉积物，尽量恢复原样，以最大限度减小对环境的影响。

第4章 认识实习野外考察案例

4.1　考察线路

围绕华南沿海地区，中山大学海洋科学学院选取多个典型站位，开展海洋科学认识实习（表4－1）。实习地点主要包括：①现代基岩海岸和古海蚀遗址；②典型砂质海岸和沙坝－潟湖体系；③以红树林为主的生物海岸；④小型河口三角洲地貌单元；⑤海洋气象实习基地；⑥海洋环境与渔业监测站；⑦中国科学院深海科学与工程研究所；⑧海洋博物馆。

表4－1　认识实习考察点汇总

类别	实习地点	实习内容	实习方式
基岩海岸	深圳市大鹏湾半岛杨梅坑	现代海蚀地貌、海洋动力过程	观察、素描、记录
	广州市七星岗古海蚀遗址	古海蚀地貌	观察、测量、记录
	中山市黄圃镇石岭山海蚀遗迹	古海蚀地貌	观察、测量、记录
砂质海岸	惠州市双月湾	砂质海岸动力地貌特征	观察、挖掘、测量、采样
	阳江市海陵岛	弧形海岸动力地貌特征	观察、挖掘、测量、采样
	深圳市大鹏湾半岛西涌海滩	砂质海岸、基岩海岸、沙坝－潟湖动力地貌特征	观察、素描、记录
	茂名市水东港	沙坝－潟湖动力地貌特征，风暴沉积	观察、挖掘、测量、采样

续表 4－1

类别	实习地点	实习内容	实习方式
砂质海岸	海口市澄迈县东水港	沙坝－潟湖动力地貌特征	观察、素描、记录
生物海岸	深圳福田红树林保护区	红树科植物的分类、特征和环境影响	观察、讲解
	湛江市红树林保护区	红树科植物的分类、特征和环境影响	观察、讲解
河口	阳江市漠阳江河口	河口三角洲动力地貌特征	观察、挖掘、测量、采样
	汕尾市陆丰螺河河口	河口三角洲动力地貌特征	观察、讲解
	海口市南渡江河口	河口三角洲动力地貌特征	观察、挖掘、测量、采样
	博鳌镇万泉河口	河口三角洲动力地貌特征	观察、讲解
海洋气象	茂名市博贺海洋气象基地	海洋气象观测方法与应用	参观、操作、讲解
海洋环境	东莞市海洋与渔业环境监测站	海洋渔业环境监测	参观、讲解
	深圳盐田海洋生态环保服务中心	海洋生态环境保护	参观、讲解
	湛江市海洋环境与渔业监测站	海洋渔业环境监测	参观、讲解
海洋科技	中国科学院深海科学与工程研究所	深海工程技术与装备、实验平台	参观、讲解
海洋文化	广东海上丝绸之路博物馆	海洋考古	参观、讲解

4.2　深圳市大鹏湾半岛杨梅坑

4.2.1　站点介绍

考察点位于深圳龙岗区南澳街道杨梅坑海边，地理坐标为东经 114°36′18″，北纬 22°32′40″。大鹏半岛属南亚热带季风气候，光照充足，降水充沛，年平均气温为 22℃，年降雨量约为 2000 mm，全年降雨量集中在 4—9 月，具有雨热同期特征。风向具有明显的季节性变化，全年盛行偏东风，夏季以东南风为主，冬季以东北风为主。此处基岩海岸由岩石组成，岸线曲折，岸坡较陡；主要动力作用以波浪为主，波浪对海岸岩石的冲蚀和磨蚀作用，塑造出各种不同形态的海蚀地貌。

杨梅坑发育有较为完整的海蚀崖、海蚀洞和海蚀平台地貌组合（图 4 -1）。发育较完好的海蚀平台岸段多由抗侵蚀能力较弱的沉积岩（如泥岩、沙砾岩）构成，在较坚硬的岩石岸段往往只有陡峭的海蚀崖，崖脚常有海蚀洞发育，而有些海蚀平台窄或不发育，通常成为崩塌海岸。在突出的岬角，波浪向岬角幅聚，波浪在岬角两侧侵蚀出来的海蚀洞连通后，岬角可能成为海蚀拱桥，随海蚀洞的扩大，拱桥顶部崩塌后，剩余部分还可进一步形成海蚀柱。

a

b

图 4－1　现代海蚀作用形成的海蚀崖、海蚀洞、海蚀平台

a：海蚀崖和海蚀洞；b：海蚀平台。

4.2.2　考察内容

（1）观察现代海蚀作用方式，了解波浪等海洋动力对基岩海岸的侵蚀作用。

（2）观察现代海蚀作用形成的海蚀崖、海蚀洞、海蚀平台等典型地貌单元。

4.2.3　实习要求

（1）在教师带领下，认真观察海蚀作用的动力过程和动力特征。

（2）采用拍照、素描等形式，记录现代海蚀作用形成的典型地貌特征，并分析其产生机理。

4.3　广州市七星岗古海蚀遗址

4.3.1　站点介绍

1. 地貌特征

考察点位于广州市海珠区石榴岗路与华南快速干线交汇处西北侧，地理坐标为东经113°20′34″，北纬23°5′5″（图4－2）。七星岗是一个高约22 m（珠江基面），由上白垩系红色沙砾岩构成的小山丘，海蚀地形形成于山丘南面的山脚。山丘的岩层面与水平面的夹角（岩层倾角）在17°～33°，岩层面的倾斜方向（倾向）指向东北（20°～356°）。七星岗古海蚀地形由海蚀穴、海蚀崖和海蚀平台组成，它们由海浪侵蚀而成。海蚀崖顶高于海蚀平台面约3 m，崖面向南，与岩层面的倾斜方向相反。海蚀穴位于海蚀崖脚，是向海蚀崖内凹入的凹槽，槽深约0.5 m、槽高约1.0 m，海蚀崖因为海蚀穴的存在成额状突出。海蚀穴前的海蚀平台，宽约10 m，沿山崖延伸20多米（图4－3）。位于海蚀穴前的海蚀平台后缘高出珠江平均海面（珠江基面）约3 m，平台面切过向东北倾斜的岩层（即切过地质构造），向前（南）方微倾（图4－4）。由于七星岗岩层间岩石的软硬有差异，抵抗海浪侵蚀的能力有不同，被海浪切出的海蚀平台面也稍有起伏。海蚀遗迹被发现时，海蚀平台前方是稻田，其高度低于海蚀平台，但目前的地面已高出海蚀平台面近 2 m。地质钻孔显示，海蚀平台前方 30 m 范围内基岩以上的绝大部分沙土是人类活动所致，现在的地面高出海蚀平台 2 m，并非自然过程形成，而是人为堆砌。

图 4-2　广州七星岗古海岸遗址科学公园

图 4-3　古海蚀平台

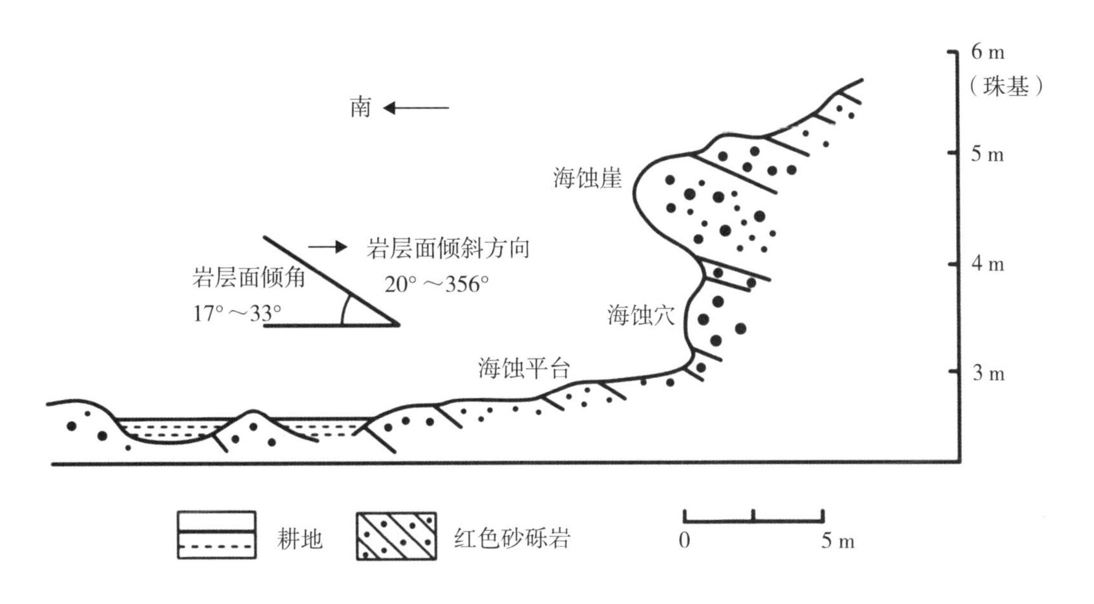

图4-4 广州七星岗古海蚀地形剖面

2. 发现过程

1937年5月14日，中山大学地理系教授吴尚时在当时勷勤大学西北约1 km红色岩系地层构成之七星顶（七星岗）南麓，发现一组侵蚀地貌，包括侵蚀平台、陡崖、崖下岩洞等，当即确定这些是海蚀作用造成的。发现次日，吴氏在地理系学术会议报告该发现。5月20日，于《国立中山大学日报》同时用中文和法文著文《十公尺海蚀地台的发现》。他使用广东陆军测量局测绘的1∶10000广州市地形图，读出平台的标高为10 m，故称为十公尺海蚀台地。不久，在1937年6月他发表《广州附近地形之研究》，再度报道新发现的勷大东面小丘麓4个海蚀洞，以及在松岗附近的一条长约400 m、宽100余米的海成沙堤，并指出沙堤与山岗之间为古老的潟湖。这是珠江三角洲首次发现的深入内陆的古海岸地貌，发现时不仅有海蚀地貌，还有堆积性海岸地貌（海积地貌），是一套保持相当完整、特征典型的古海岸地貌系统。

3. 科学意义

在现代海岸，海蚀崖和浪蚀平台是常见的海蚀地貌，也是典型的海岸地貌类型。如果海岸地貌在内陆发现，往往有指示海陆变迁的地质地理学意义。但深入内地的类似石崖或平台往往有多种成因，类型各异，则需要地质地貌综合研究方法考察分析确证。七星岗古海蚀遗址发现的科学意义如下。

（1）为研究华南特别是广州地区海陆变迁和海平面升降提供标准地貌剖面。全球变化是目前人类面临的重大挑战和地学界高度关注的科学问题。广州地区位于珠江口，面临南海，地势低平，整体生态环境和经济活动对海平面升降尤为敏感。仅海平面变化而言，涉及的因素众多，关系错综，包括构造升降、河口延伸、三角洲演变、潮波变形、气候变化、人类活动，甚至太阳活动等，时间和空间变化复杂。七星岗是得到学界公认的古海岸系统，可以为科学家解决上述复杂课题提供一个良好的研究窗口或切入点。

（2）七星岗古海岸地形支持珠江三角洲存在之说。20 世纪初，广东地学界曾有珠江河口有无“三角洲”长达数十年的争论。入海三角洲的本质是河流泥沙在河流与海洋共同作用下形成的沉积体。七星岗古海岸地貌体系的发现和确证，充分说明海岸曾经到达目前已远距海岸上百千米的广州城郊，有力地支持了柯维廉的海水曾深入珠江口内并发育三角洲的观点。其后认识逐渐深化，趋于一致。1949 年以后，随着科学的进步，更多学者对珠江河口这个特殊的三角洲做了大量的研究工作，成为国际科学共同体学术成果的重要部分。

4.3.2 考察内容

（1）认识古海岸海蚀地貌系统，包括海蚀崖、海蚀洞、海蚀平台等。

（2）了解七星岗古海蚀遗址被发现的历史背景。

4.3.3　实习要求

（1）在教师的带领下，认识七星岗古海岸海蚀地貌系统。

（2）教师讲解七星岗古海蚀遗址被发现的历史及其科学价值，介绍围绕七星岗古海岸系统所开展的各种研究。

（3）使用皮尺、罗盘等工具，测量古海蚀平台、古海蚀崖的几何参数。

4.4　中山市黄圃镇石岭山海蚀遗迹

4.4.1　站点介绍

考察点位于中山市黄圃镇西面尖峰山北段石岭山东面山脚（东坑大冈山脚）一带，地理坐标为东经113°20′32″，北纬22°44′21″。海蚀遗址位于黄圃镇西面尖峰山北段的石岭东（偏南）面山脚玉泉洞一带，占地范围约1.7 km^2，其海蚀地形主要形成于晚全新世之前海侵时的古珠江口海湾中岛屿时期（距今7000～2000年）。它是继广州七星岗古海蚀崖之后，广东境内第2个做过水准测量的古海蚀崖，对研究全新世，乃至更新世海侵时是否存在高海面这一世界级地理学难题有着重要的意义。出露的海蚀地形从玉泉洞开始向北断续延伸200多米，海蚀洞、海蚀崖、海蚀平台等海蚀地貌仍保持得较为完好。主要的海蚀地貌如下。

1．海蚀洞

玉泉洞为最大的海蚀洞，宽15 m，深8 m，高5 m以上，洞壁向内弧形弯落。玉泉洞以北一些小规模的海蚀洞，洞宽3～4 m，深约0.5 m，高约30 cm，洞前均有约1 m宽的海蚀平台。

2. 海蚀崖

海蚀地形连续出现在玉泉洞以北东面的山脚。因此，山麓面均为海蚀崖，崖面圆滑，海蚀崖脚部微凹或弧形连续地向海蚀平台过渡。崖面上常因砾岩层中的一些砾石被海浪淘走而成蜂窝状（图4－5）。由于岩层接近水平及砾岩与砂岩互层造成的崖面抗蚀能力的差异使海蚀崖面常有顺岩层的条带状微凹。

3. 海蚀平台

海蚀洞或海蚀崖前的海蚀平台横向宽度约为1 m，纵向比较连续（图4－6）。海蚀平台从南向北断续延伸200多米，平台面基本在同一高度上。岩层不完全水平及砾岩与砂岩互层造成的层间软弱面，对海蚀平台的形成有影响。以岩层向正西北倾斜、倾角为2°计算，延伸200 m后同一岩层南北高差可大于9 m，因此，南北高程差别小于20 cm的平台不可能是沿岩层同一层面发育的，海蚀平台不能完全连续，也许与岩层的微小倾斜导致的同一水平面上有多处软弱面相关。

4.4.2 考察内容

（1）认识古海岸海蚀地貌系统，包括海蚀崖、海蚀洞、多级海蚀平台、海蚀穴等。

（2）了解石岭山古海蚀遗址的科学价值和意义。

4.4.3 实习要求

（1）在教师的带领下，认识石岭山古海岸海蚀地貌系统。

（2）使用皮尺、罗盘等工具，测量古海蚀平台、古海蚀洞的几何参数。

图4－5　石岭山海蚀崖上的海蚀穴遗址

图4－6　石岭山海蚀平台、海蚀凹槽等海蚀地貌

4.5 惠州市双月湾

4.5.1 站点介绍

考察点位于惠州市惠东县港口滨海旅游度假区管委会（原港口镇），地理坐标为东经114°54′42″，北纬22°34′11″。因形状鸟瞰像两轮新月，故得名双月湾。双月湾共分两湾，由大亚湾和红海湾相邻的2个半月形组成（图4－7）。其中，左湾（平海湾）连接大亚湾东畔，通常风平浪静，后面是宽度不大的沙坝。由于岛屿前方受波浪能量辐聚导致冲蚀破坏，而岛屿后方是波影区，是波浪能量辐散的区域，波能所携带的泥沙逐渐地在波影区形成堆积，再加之常有由岸上河流携入的泥沙，故形成的堆积体越来越大，并使岛屿与陆地之间相连起来。沙坝后有河流注入，形成沙坝－潟湖地貌体系。由于河流径流量较小，潟湖内盐度主要受降水量和蒸发量的影响，季节性变化明显。丰水期潟湖内海水盐度较低，具有一定的河口特征；枯水期潟湖中的海水主要受潮汐控制，以咸水为主，表现为明显的潟湖特征。沙坝根部发育有红树林植被，近年来面积逐渐萎缩，表明潟湖主要受海水影响，河流作用相对较弱，越靠近沙坝尾部的潮汐汊道，其受海洋控制程度越深。右湾（东山海）连接红海湾西畔，其岸线较顺直，无沙嘴发育，常年波涛汹涌，开发程度较低。

双月湾潮汐为不正规半日混合潮，潮差较小，年平均潮差约为1 m，最大潮差为2.6 m。冬季涨潮历时大于落潮历时，夏季相反，这主要和季风影响有关。东侧大亚湾的波浪是湾口波浪经绕射和湾内小风区成长的波浪叠加而成，以湾口传入的涌浪为主。受岛屿和岬角等地形的限制，波能较弱，平均波高约为0.7 m，平均波周期为3～6 s，以偏东浪和东南浪为主。西侧红海湾的平均波高约为1.1 m，平均波周期约为3.8 s，主要以偏东浪和西南浪为主，波浪类型以风浪为主（图4－8）。

4.5.2　考察内容

（1）观察砂质海岸的动力地貌特征，包括波浪的传播与破碎、砂质海岸带岸段的划分等。

（2）了解地貌单元对动力过程的响应机制，了解双月湾两侧动力的差异及其形成机理。

（3）观察砂质海岸的沉积剖面特征。

图4－7　惠州双月湾（左侧为大亚湾，右侧为红海湾）

图4－8　红海湾砂质海岸地貌和波浪传播

4.5.3 实习要求

（1）在教师带领下，认真观察波浪的传播与破碎过程。

（2）通过现场挖掘、测量、拍照等形式，对砂质海岸地貌的基本要素和沉积剖面进行记录，并分析其产生机理。

4.6 阳江市海陵岛

4.6.1 站点介绍

考察点位于阳江市海陵岛大角湾，地理坐标为东经111°43′23″，北纬21°34′26″。海陵岛位于阳江市西南端，为广东省第四大岛，该岛北与陆地相连，南邻南海，全岛陆地面积约为109.8 km^2，主岛岸线长约75.5 km，20 m等深线以内浅海水域面积为640 km^2。海陵岛南部主要为沙滩海岸，自西往东依次发育马尾湾、北洛湾、大角湾、银滩、石角湾、地拿湾、那谢湾等一系列优质滨海沙滩，长度超过20 km，局部有大角山直逼海岸。北岸为低能耗区，漠阳江、丰头河自北向东南、西南两边包拢海陵岛流入海域，并带下大量的沙泥，造就了海陵岛北岸普遍发育了大面积的泥滩海岸，尤以海陵大堤阻挡泥沙向西流而沉积大片泥滩，在大湾海岸也沉积大片沙泥滩，发育有大片的红树林。在西岸海陵湾边为溺谷海岸，沉积了沙滩和沙泥滩。建有闸坡渔港。东部为岬角海岸，丘陵直逼海岸，发育了海蚀崖。

大角湾位于海陵岛闸坡镇东南，三面群峰环抱，面向浩瀚南海，滩长2.45 km，宽50～60 m，螺线形湾似巨大的牛角，故名“大角湾”（图4－9）。大角湾的潮汐为不规则半日潮，一天中出现两次高潮和低潮，但高度各不相等，涨潮、落潮时也不相等，以朔、望大潮期潮差较大，上弦、下弦小

潮期潮差较小。累年平均潮差为 157 cm，实测最大潮差为 392 cm。平均潮位年变化以 10 月的最高，7 月的最低为 198 cm。大角湾附近海区潮流属不正规半日潮流，潮流流速相差较大，最大潮流流速为 16 ~ 106 cm/s，最小潮流流速为 16 ~ 25 cm/s，通常表层余流流速大于底层流速。海域潮流属显著的逆时针旋转流，涨潮流流向湾内，落潮流流向湾外。大角湾周边海域波浪以混合浪为主，且涌浪成分较大（风浪频率占 86.4%，涌浪频率占 13.6%）。海区的波高月平均在秋冬季大于春夏季，分别是 0.33 m 和 0.25 m。年平均波高的最大值出现在 12 月，为 0.40 m，而最大波高则在 3 月，为 1.50 m。月平均波高最小值和月最大波高最小值均出现在 7 月，分别是 0.20 m 和 0.70 m。台风带来的浪高在 2 m 以上。

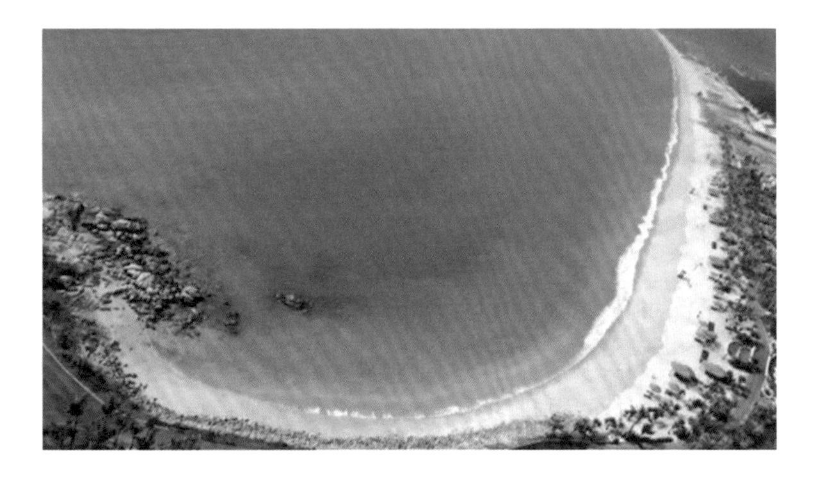

图 4-9 阳江海陵岛大角湾

4.6.2 考察内容

（1）观察砂质弧形海岸的动力地貌特征，包括上下岬角、海岸线的平面形态、波浪的传播与波峰线的平面分布等。

（2）了解砂质海岸对波浪动力过程的响应机制，了解弧形海岸的形成机理。

（3）观察弧形海岸的沉积剖面特征。

4.6.3 实习要求

（1）在教师带领下，认真观察弧形海岸的地貌单元和平面形态，观测波浪的传播与折射。

（2）通过现场挖掘、测量、拍照等形式，对弧形海岸地貌的基本要素和沉积剖面进行记录，对比弧形海岸不同岸段的沉积剖面特征。

（3）初步判断弧形海岸的稳定性。

4.7 深圳市大鹏湾半岛西涌海滩

4.7.1 站点介绍

考察点位于深圳南澳街西涌沙滩风景区，地理坐标为东经114°32′41″，北纬22°28′44″。西涌沙滩海岸长约5 km，在海浪作用下形成典型的海蚀地貌和现代砂质海岸沉积地貌，包括沙滩、岬角、沙坝、潟湖等地貌单元。

1. 海蚀地貌

西涌海滩有发育比较完整的多级海蚀平台，如西涌湾东侧岬角，发育了4级海蚀平台，分别相当于当地平均海面高度 -0.7 m、0.8 m、2.0 m、3.9 m，每级平台后缘有波浪侵蚀的凹槽（图4-10）。海蚀平台上往往发育海岸壶穴和海蚀凹槽，其中的海蚀壶穴多为圆形或椭圆形。海岸壶穴和海蚀凹槽是波浪进退流过程中产生的旋转水流携带的泥沙对海蚀平台表面磨蚀形成的微地貌（图4-11）。海岸壶穴和海蚀凹槽的形成、扩大和加深，实际上是对海蚀平台产生破坏。

图 4－10　多级海蚀平台

图 4－11　波浪作用形成的海蚀凹槽

2. 砂质海岸沉积地貌

西涌沙滩为沙坝－潟湖组合，是典型的堆积海岸地貌景观之一（图 4－12）。沙坝海滩位于沙坝向海一侧，沙坝后侧水域为潟湖，与沙坝一起组成沙坝－潟湖海岸。冰后期海面上升后，大鹏半岛原先的河谷被海水淹没成小型深入海湾。海湾长期接受河流沉积物后被充填淤浅。由于深入的海湾在横向上有宽阔的空间，激浪流将水下岸坡物质带到海滩上堆积成与岸线平行的自然堤，堤后侧水域成为潟湖。沙坝往往被海岸风沙堆积成的海岸沙丘所加高。虽然沙坝隔开了潟湖与大海，但沙坝在波能较弱的一端形成一个连通潟湖和大海之间的潮汐通道。沙坝海滩宽度较大，坡度较缓。沙坝海滩潮间带沙粒上粗下细，沙坝顶部堆积的沙丘砂来源于海滩砂，但其粒径较之小，分选更好。潟湖中堆积细砂和淤泥，岸边有红树生长。

图 4－12　沙滩－沙坝－潟湖地貌体系

因为沙滩位于海湾两侧岩石岬角之间，海湾两侧岬角及水底地形控制湾内入射波浪的运动方向，使之与湾内岸线垂直，所以波浪和泥沙在湾内以横向运动（向岸－离岸）为主。当湾内泥沙冲淤达到平衡时，波峰线平行逼近岸线，波浪同时破碎，波能没有沿岸分量，湾内无纵向（平行岸线方向）泥沙运动，此时海滩达到平衡。由于一年中不同季节波浪大小发生变化，其波陡也随之而变化，泥沙横向搬运方向也随之改变。在大波浪活动的风暴期，特别是台风季节，泥沙从滩肩离岸向海转移形成水下沙坝。在较小的涌浪作用时期则相反（图 4－13）。

图4－13 砂质海岸及波浪传播

4.7.2 考察内容

（1）观察砂质海岸和基岩海岸的地貌特征。

（2）观察波浪传播与破碎，了解波浪对砂质海岸和基岩海岸的作用过程。

（3）观察沙坝－潟湖体系的地貌特征。

4.7.3 实习要求

（1）在教师带领下，认真观察弧形海岸和基岩海岸的地貌特征，了解其形成机制。

（2）在教师带领下，认真观察沙坝－潟湖体系，了解人类活动对沙坝－潟湖体系的改造作用。

（3）通过现场挖掘、测量、拍照等形式，对砂质海岸沙滩的基本要素和沉积剖面进行记录。

4.8 茂名市水东港

4.8.1 站点介绍

考察点位于茂名市水东港，地理坐标为东经111°3′16″，北纬21°29′05″。水东湾是一个被大型沙坝围抱的半封闭的潟湖湾，它面向南海，在波浪作用下沿岸堆积一条东西向长约22 km的大沙坝。沙坝背后有两个潟湖湾，东为博贺港，西为水东湾。组成该沙坝－潟湖－潮汐通道海岸系统的地貌单位如下。

1. 潟湖

潟湖即海湾本身，包括东西两侧被筑堤堵塞的小海汊，现在水东潟湖的面积约为30.5 km^2（图4－14）。

2. 沙坝

沙坝分布于潟湖湾的南面，通道口以东至博贺的沙坝长约13 km，宽为2.2～4.4 km，延伸方向近乎E-W向（图4－15）。

3. 潮汐通道

潮汐通道为连接潟湖和外海的水道，长约12.7 km，宽为500～800 m，深为5～15 m。这是以落潮流占优势的潮汐通道。另外，在其出口两侧各有一浅窄的涨潮沟，以涨潮流为优势流。

4. 涨潮三角洲

潟湖内的大洲、三洲等岛，即是在涨潮流作用下，把沿岸泥沙带到潟湖内堆积而成涨潮三角洲。

5. 落潮三角洲

落潮三角洲即潮汐通道口外的拦门沙，是由于潮汐通道缩窄、延长，泥沙由逆向变为顺向输移的产物。它的主体是一个宽阔、平坦的细砂堆积的平台，在波浪和潮流的作用下，在其上方又堆积起沙嘴、沙坡、冲激沙坝等地貌单元。

图4－14　水东港的潮汐通道和潟湖内侧

图4－15　水东港的沙坝堆积体

在动力方面，水东港的潮汐属不正规半日混合潮，平均潮差约为1.75 m，最大潮差约为4.68 m，平均纳潮量约为0.56×10^9 m^3。由于潮差大，纳潮量大，潮汐通道内的流速也较大，涨落潮最大流速可达1.2m/s和1.44 m/s。水东港沿岸主要以风浪为主，涌浪频率约为12.5%。常浪向为SE和SSE向，夏季因常吹西南风，波浪则以S、SSW和SW向为主。年平均波高约为0.68 m，平均周期约为3.4 s。但在台风袭击期间，最大波高可较平日增加一个量级。

4.8.2 考察内容

（1）观察沙坝－潟湖体系的地貌单元和地貌特征，包括沙坝、潟湖、潮汐通道、涨潮三角洲、落潮三角洲等。

（2）观察潮汐、波浪等动力要素对沙坝－潟湖的作用过程。

（3）观察沙坝－潟湖的开发利用。

4.8.3 实习要求

（1）在教师带领下，认真观察沙坝－潟湖体系，了解潟湖纳潮面积A和潟湖纳潮量P之间的P-A关系。

（2）在教师带领下，了解自然过程和人类活动共同作用下沙坝－潟湖体系的发育演变。

（3）通过现场挖掘、测量、拍照等形式，对比沙坝堆积体不同部位的沉积剖面特征。

4.9　海口市澄迈县东水港

4.9.1　站点介绍

考察点位于海南岛北部、琼州海峡南岸澄迈湾东水潟湖内，地理坐标为东经110°4′8″，北纬19°58′54″。澄迈湾东起天尾角，西至玉包角，北面是琼州海峡。澄迈湾湾顶有2个潟湖，分别是东水潟湖和花场潟湖，在2个潟湖附近，分别建有东水港和马村港。东水潟湖属沙坝潟湖（图4－16），长约为12 km，宽为100～1000 m，深为2～5 m，自东北向西南延伸，至盈滨村后转为东西向。东水港潟湖的出口在沙坝西端，潟湖内主要河流为澄迈江，总集水面积约为240 km^2。在整个澄迈湾内，东水潟湖口门距离10 m等深线仅1 km左右，具有很好的开发建设成深水大港的水深条件。

图4－16　水东港沙坝－潟湖体系（拍摄者：翁生泽，2019年7月）

东水港附近的地貌类型主要由以下几部分组成：东水沙堤、马村玄武岸台地和东水潟湖。东水沙坝向海一侧为弧形海岸。东水湾海底现代海相沉积层的基底为黏土层和沙砾层，现代沉积的下部为含泥的海侵沙层。东水湾海底 7 ～ 30 m 深范围内沉积 6 ～ 12 m 原海湾相的灰色粉沙黏土层，在海岸则沉积了现代海滩砂。沙坝砂和坝后潟湖含泥的沉积层，在潟湖口附近发育了拦门沙沉积。东水港拦门沙面积约为 7.7 km^2，分布达 15 m 深处，砂体体积约为 1×10^8 m^3。东水港沉积物特征主要为：拦门沙主体、口门东西两侧及潟湖口内约 2 km 处均分布着粗砂，向潟湖内沉积物逐渐变细，主要成分为粉砂质砂、中粗砂和黏土质粉砂。拦门沙以外的海滨，多为较细的粉砂质砂、黏土质粉砂和砂质黏土。

东水港潟湖流域的河流源短流少，平常径流量较小，但暴雨洪水径流量较大。波浪是水东港浅水区泥沙运动的主要动力，波浪向岸传播，浪迹线与岸线形成夹角引起泥沙纵向运动，从而导致的沿岸输沙是造成该区域海岸冲淤演变的主要原因（图 4 – 17）。据沉积物分析，3000 ～ 6000 年前，东水湾的弧形海岸已经形成，并在波浪动力作用下岸线不断地调整，表现为东北段被侵蚀，侵蚀的泥沙在波浪作用下不断向西搬运，沙坝不断延长（图 4 – 18）。近 3000 年来，沙嘴以平均约 0.5 m/a 的速度西延。而近 20 年来，受海岸侵蚀、台风袭击、人工开发等因素影响，东水港岸线蚀退近 400 m，造成沙嘴内潟湖面积急剧减小，口门潟湖通道水流动力减弱。东水湾尚有一个口门维持潟湖与外海连通，但实际上这个狭小的口门已不能满足潟湖与外海水体交换的需要，汊道内潟湖已几乎成为隐蔽的水体。

4.9.2 考察内容

（1）观察沙坝 – 潟湖体系的地貌单元和地貌特征，包括沙坝、潟湖、潮汐通道、涨潮三角洲、落潮三角洲等。

（2）观察泥沙浊度、流速差异所形成的海洋锋面过程。

（3）观察沙坝侵蚀现象。

图4-17　潮汐汊道内的锋面现象（拍摄者：翁生泽，2019年7月）

图4-18　沙坝海岸侵蚀

4.9.3 实习要求

（1）在教师带领下，认真观察沙坝－潟湖体系，认识潟湖纳潮面积 A 和潟湖纳潮量 P 之间的关系。

（2）在教师带领下，了解海岸侵蚀的原因及其造成的影响。

（3）通过测量、航拍、素描等形式，对比沙坝堆积体不同部位的几何特征。

4.10 深圳福田红树林保护区

4.10.1 站点介绍

考察点位于深圳湾北东岸深圳河口的红树林鸟类自然保护区，地理坐标为东经114°2′25″，北纬22°31′12″。福田红树林区域位于深圳湾东北部，东起新州河口，西至海滨生态公园，南达滩涂外海域和深圳河口，北至广深高速公路，紧靠深圳市中心福田区，毗邻《拉姆萨尔公约》里的《国际重要湿地记录》中的香港米埔保护区，沿海岸线长约9 km，平均宽约0.7 km，总面积约为3.68 km^2，是中国面积最小的国家级自然保护区（图4－19）。福田红树林自然保护区与河口南侧香港米埔红树林共同形成一个半封闭的、且与外海直接相连的沿岸水体，并具河口和海湾的性质。该处河海相互作用，咸淡水混合，并有潮汐作用，还有丰富的细物质沉积和肥沃的水质，为红树林湿地的发育提供了良好的地貌与物质环境。本地区主要地貌类型有冲积平原、沿海沙堤、红树林滩涂、泥质光滩涂、滩涂潮沟水道等类型。

图4－19　深圳福田红树林保护区

1. 气候条件

福田红树林区域属东亚季风区，南亚热带海洋性季风气候区。全年平均气温为22.4 ℃，1月的气温最低，月平均气温为14.1 ℃，最低温度为0.2 ℃。7月的气温最高，月平均气温为28.2 ℃，最高气温为38.7 ℃。年平均降雨量为1700～1900 mm，集中在4—9月。年平均相对湿度为80%。全年日照时数约为2000 h。常风较大，主导风向为东南风，夏秋多台风，年受台风袭击2～4次。

2. 植物组成

福田红树林自然保护区自然生长植物有海漆、木榄、秋茄等珍稀树种。这里也是国家级的鸟类保护区，是东半球候鸟迁徙的栖息地和中途歇脚点。据统计，这里最多时曾有180种鸟类，其中的20多种属于国际、国内重点保护的珍稀品种。每年有白琴鹭、黑嘴鸥、小青脚鹬等189种、10万余只候鸟南迁于此歇脚或过冬。保护区内除红树林植物群落外，还有其他55种植物，千姿百态。

4.10.2 考察内容

（1）学习深圳福田红树林的设计布局、生态特征、环境影响及作用。

（2）认识红树科植物的分类、特征及生长条件。

（3）了解红树林区域的特有生物类型及特征。

4.10.3 实习要求

（1）在教师的带领下，参观深圳福田红树林保护区，了解红树林相关知识。

（2）在教师的带领下，学习环境参数测定仪器的使用，包括 YSI 多参数水质检测仪、经纬度测量仪、湿度仪等。

（3）学习水体浮游生物的采集与样品固定操作。

4.11 湛江市红树林保护区

4.11.1 站点介绍

广东省湛江市红树林国家级自然保护区位于中国大陆最南端，呈带状散式分布在广东省西南部的雷州半岛沿海滩涂上，跨湛江市的徐闻、雷州、遂溪、廉江四县（市）及麻章、坡头、东海、霞山四区，地理坐标为东经 109°40′～110°35′，北纬 20°14′～ 21°35′，位于广东省湛江市境内，面积为 190 km^2。1990 年，经广东省人民政府批准建立。1997 年，晋升为国家级自然保护区，主要保护对象为红树林生态系统（图 4 – 20）。

湛江市红树林保护区自然资源丰富，保护区中真红树和半红树植物有 15 科 22 种，主要的伴生植物有 14 科 21 种，是中国大陆海岸红树林种类

最多的地区，如图 4－21 所示。其中，分布最广、数量最多的为白骨壤、桐花树、红海榄、秋茄和木榄，主要森林植被群落有白骨壤、桐花树、秋茄、红海榄纯林群落和白骨壤加桐花树、桐花树加秋茄、桐花树加红海榄等群落，林分郁闭度在 0. 8 以上。此外，保护区中有鸟类 194 种。有贝类 3 纲 41 科 76 属 130 种，有鱼类 15 目 60 科 100 属 139 种。

图 4－20　湛江市红树林保护区简介

保护区主要建设工作内容如下。

（1）推动保护区加入《国际重要湿地名录》。

（2）开展湛江市红树林保护区划界确权工作，划定保护小区 68 个，保护面积 170 多万平方千米。

（3）制定湛江市红树林保护区总体规划和管理计划，为科学建设和管理湛江市红树林保护区提供强大的技术支持。

（4）建立湛江市红树林保护区管理局办公楼及 2 个管理站。

（5）开展制作和树立湛江市红树林保护区区碑和界桩工作，已在重点地区共树立 20 个区碑和 350 个界桩。

图4－21　湛江市红树林保护区的植物

（6）建立保护区网站。

（7）截至2012年，保护区共种植10 km^{2}红树林，主要造林树种有红海榄、木榄、秋茄、无瓣海桑、桐花、白骨壤等。并在高桥区域建立一红树林苗圃，为雷州半岛及其他南方沿海地区红树林造林提供种苗。

4.11.2　考察内容

（1）参观广东省湛江市红树林国家级自然保护区高桥分区，学习保护区的基本情况、设立意义及工作内容。

（2）学习红树林特征、生态价值及污染控制能力。

4.11.3　实习要求

（1）听取保护区负责人讲解，学习保护区的情况及红树林的特殊生态价值。

（2）查阅资料，深入学习总结红树林系统的生态价值及环境意义。

4.12　阳江市漠阳江河口

4.12.1　站点介绍

考察点位于阳江市阳东区北津港西南侧，地理坐标为东经 112°3′39″，北纬 21°46′45″。漠阳江位于广东省西南部，是广东省径流系数最大的河流，干流长 169 km，流域面积为 6042 km^2，年平均入海水量约为 $59.1\times10^9\ m^3$，多年平均流量为 187 m^3/s，年输沙量约为 8×10^5 t。流域地势由北向南倾斜，背山面海。上游地形以山地为主，河谷狭窄，溪流多，比降大，水流急；中游为狭长的河谷盆地和小平原；下游地形以丘陵和小平原为主。流域地形高低悬殊，流域河床平均比降 0.049%。

北津港位于漠阳江出海口（图 4-22），距出海口门约为 4 km，潮汐为不规则半日潮，平均潮差约为 1.35 m，落潮历时大于涨潮历时。夏季径流量远较冬季涨潮量大，河口径流起控制作用。由于漠阳江河口位处半开敞的阳江湾顶，波浪作用较强，平均波高 0.7 ～ 0.8 m。台风过境时，会形成巨浪、暴潮和暴雨洪水，台风平均每 2 年登陆 1 次，每年受影响约为 2 次。上游河流输入的推移质沉积物出口门后，在波浪的作用下，一部分在河口拦门沙沉积，另一部分向东或向西扩散（图 4-23）。漠阳江的悬移质沙部分在三角洲河道边滩沉积，大部分被搬运至口外，并越过拦门沙向东、南和西 3 个方向扩散、沉积。近年来，漠阳江河口河道缓慢变浅变窄，拦门沙淤浅，岸线与拦门沙前缘被缓慢侵蚀后退。

4.12.2　考察内容

（1）观察河口三角洲地貌特征。

（2）认识河口各种动力过程。

图 4－22　漠阳江河口示意

图 4－23　漠阳江河口的沙嘴

4.12.3　实习要求

（1）在教师的带领下，认识河口三角洲地貌特征。

（2）通过教师讲解，了解潮汐、径流、波浪、沿岸流等动力因素对河口地貌的作用过程。

（3）通过现场挖掘、测量、拍照等形式，对比河口泥沙堆积体不同部位的沉积剖面特征。

4.13　汕尾市陆丰螺河河口

4.13.1　站点介绍

考察点位于汕尾市陆丰市上海村西侧出海口处，地理坐标为东经115°36′60″，北纬22°52′13″。螺河是汕尾市最大河流，集水面积为1356 km^2，发源于高程为1131 m的广东省陆河县南万镇的三神凸东坡。螺河跨越广东省陆河县、紫金县、揭西县、陆丰市、海丰县五县（市），全长102 km，自北向南流入陆丰市烟港汇入南海碣石湾。该流域地貌地势由东北向西南方向倾斜，地形为东北部是山丘地，峰峦叠嶂，中部为丘陵和台地，西南部为台地和平原。

碣石湾面积约为345 km^2，水深为5～8 m。湾口向南，呈半圆形，三面湾岸以低山丘陵为主。湾内潮汐以不规则半日潮为主，潮流以旋转流为主，涨潮流时以湾口东侧进水为主，湾口西侧有少量潮量流出。落潮流时情况则刚好相反。潮流最大流速约在50 cm/s以下，流速较小。波浪以风浪为主，其常浪向为ENE～E，强浪向为ENE～ESE。年平均波高为1.4 m，年平均周期为4.2 s。海域受东北大风和台风影响时可产生大浪，冬半年受东北大风影响下，湾口可产生3 m以上的偏东向大浪。台风影响时可产生4 m以上的偏南向巨浪，并导致波高年极值的出现。碣石湾内由于有螺河、乌坎河等较长的小河流注入湾内，泥沙运动较活跃，沿岸砂质堆积地形发育，如图4-24所示。因此，湾内存在明显的泥沙问题，但又比其他砂质海岸的泥沙问题轻得多。进行海岸开发利用采取工程措施时，需注意顺应海岸的自然发展趋势，保持其动态平衡。

图4－24 螺河河口出海位置的沙嘴

4.13.2 考察内容

（1）观察小型河口三角洲地貌特征。

（2）认识潮汐、径流、波浪等各种河口动力过程。

4.13.3 实习要求

（1）在教师的带领下，了解河口沿岸沙嘴形成的动力地貌过程。

（2）通过教师讲解，了解河口开发、利用与治理。

4.14　海口市南渡江河口

4.14.1　站点介绍

考察点位于海口市南渡江出海口处，地理坐标为东经110°22′39″，北纬20°4′49″（图4－25）。南渡江是海南岛最大的河流，斜贯海南岛中北部，向北流入琼州海峡。其三角洲突出，东侧为铺前湾，西侧为海口湾。据统计，南渡江全长334 km，流域面积为7033 km^2。南渡江属于山区性河流，河流径流丰富，多年平均径流量约为6.8×10^8 m^3，年输沙量约为3.2×10^4 t。南渡江的水沙季节性变化特征明显，台风季节（7—10月）的径流量占全年的62.3%，输沙量占全年输沙量的74.4%。

图4－25　南渡江河口（拍摄者：翁生泽，2019年7月）

南渡江河口多年平均潮差为1.21 m，最大潮差约为2.5 m，为弱潮河口。潮汐系数约为3.86，属于不正规全日潮。琼州海峡潮流属正规日潮流，为往复流性质，有涨潮东流、涨潮西流、落潮东流、落潮西流4种流动形式。南渡江口近岸海域以涨潮东流和落潮西流为主，转流一般发生在平均潮位附近，平均潮位以上以东流为主，平均潮位以下以西流为主。此外，南渡江河口海域属于热带季风气候，盛行季风，有显著的季节性变化，夏季为S-SE风，风速较小，冬季盛行NNE-ENE风，风速较大。受风的季节性影响，海域波浪以风浪为主，其频率为86%，显著特征是周期短，平均周期在4 s以内。NE向波浪为优势波浪，季节性变化显著，区域的平均波高为0.6 m。由于南渡江三角洲地区近岸坡度较陡，入射波可传播到近岸线处才破碎，波能主要集中在岸线附近，这对河口地貌形态发育与演变具有较强的驱动作用。

南渡江发源于山地丘陵区，河流坡度较大，加上洪水暴涨暴落，较粗的河床质如粗砂等可直接输移至口外，因而南渡江水道床沙以推移质为主，河床宽浅，沙洲发育。南渡江河道在新埠附近分汊，分多口门入海。各汊道宽50～500 m，干流宽500～800 m，各水道深度为0.5～5.0 m，口门拦门沙低潮时水深小于1 m。河口北部分布着海岸障壁——沙嘴、沙坝等（图4-26）。各水道在障壁内绕流一段距离后，冲缺沙嘴入海。

图4-26　南渡江河口沙坝处的沉积剖面

4.14.2 考察内容

（1）观察小型河口三角洲地貌特征。

（2）认识潮汐、径流、波浪等各种河口动力过程。

（3）了解河口三角洲的沉积结构和发育演变。

4.14.3 实习要求

（1）在教师的带领下，认识河口三角洲地貌特征。

（2）通过教师讲解，了解潮汐、径流、波浪、沿岸流等动力因素对河口地貌的作用过程。

（3）通过现场挖掘、测量、拍照等形式，对比河口泥沙堆积体不同部位的沉积剖面特征。

4.15 博鳌镇万泉河口

4.15.1 站点介绍

考察点位于博鳌镇万泉河出海口处，地理坐标为东经110°35′2″，北纬19°9′35″。万泉河是海南岛的第三大河，位于海南岛东部，发源于海南岛中部五指山山地，全长为163 km，流域面积为3693 km^2，年平均径流量约为164 m^3/s，最大洪峰流量可达12000 m^3/s。博鳌镇位于海南省东部琼海市的万泉河入海口，地处热带北缘，面临南海。区域内日照多，热量足，雨量充沛，夏季长，冬季短，属热带季风型气候。由于海南岛位于亚热带北缘，受东亚季风影响强烈，洪枯季差异明显。万泉河的降水呈现显著的季节性变化，80%的年降水量发生在每年的5—11月。其中，约50%

的降水量集中在8—10月，且主要以洪水的形式出现，其特点是持续时间相对较短，具有阵发性。

海南岛东部近岸潮汐主要是太平洋潮波经巴士海峡和巴林塘海峡进入南海后形成。研究表明，博鳌沿岸潮汐主要为不正规的全日潮，口门附近年平均潮差为0.75 m，最高潮位约为2.03 m，最低潮位约为1.63 m。一般而言，春秋两季月平均潮差较大，冬夏季较小。万泉河河口内潮流为往复流，口门外为旋转流，流向与河道走向基本一致，口门外主要潮流方向为东北－西南向，涨潮流为西北向，落潮流为东南向。博鳌港夏季的主要为南向风，冬季则以北向风为主。根据邻近的琼海龙湾港的实测资料，博鳌沿海的波浪以风浪为主的混合浪为主，出现频率为69.6%；其次为涌浪为主的混合浪，出现频率为25.5%。纯风浪和纯涌浪的出现频率都很少，仅占不足1%。常浪向为E向，次常浪向为ESE向，E、ESE、SE、SSE向浪占总频率的96%。平均波高约为1 m，平均周期约为5 s。

在万泉河的入海处，河面宽阔，水势舒缓，经过各个沙洲、浅滩的阻隔，流经边溪沙岛、东屿岛等，在玉带滩附近形成特殊的万泉河河口地貌（图4－27）。沙美内海是玉带滩海岸沙坝围栏河口浅海形成的潟湖，地形狭长（图4－28）。潟湖内水浅坡缓，东侧为玉带滩，西南两侧岸陆分别有九曲江和龙滚河注入，北侧通过万泉河口流入南海。沙美内海是伴随着玉带滩的形成而形成的，其发育演变是一个不断淤浅的过程。在枯水期湾内底质活动很弱，沉积物输运率很小，属于稳定的海底，几乎处于封闭的浅水环境。由于玉带滩的阻隔，使沙美内海与外海失去了直接的水体交换，河水的注入，使沙美内海的盐度低于0.1%。过剩的水量使潟湖内水面比海平面高，水从潟湖出口处流出，外海咸水不易侵入。博鳌海滩上的表层沉积物从河口向南北两侧逐渐变细，总体而言，口门北侧海滩沉积物比南侧细，主要为砾质砂，南侧玉带滩则主要为砾砂－砂。在口门以内的河口湾，万泉河的各个分汊河道内均为细砾粗砂－粗砂沉积，至南边沙附近，变为中粗砂。而玉带滩与东屿岛之间的水道，除靠近玉带滩一侧由于人类活动影响而沉积为细粉砂外，其余基本为细砾粗砂－中粗砂，靠近东屿岛一侧则为细粉砂－淤泥。在沙美内海，沉积物除九曲江出口为中粗

砂，其余基本为细砂、粉砂。

图4－27 万泉河出海口处的沙洲和岛屿

图4－28 博鳌万泉河河口玉带滩沙坝（拍摄者：翁生泽，2019年7月）

4.15.2 考察内容

（1）观察小型河口三角洲地貌特征。

（2）认识潮汐、径流、波浪等各种河口动力过程。

（3）了解河口三角洲的沉积结构和发育演变。

4.15.3 实习要求

（1）在教师的带领下，认识河口三角洲地貌特征。

（2）通过教师讲解，了解潮汐、径流、波浪、沿岸流等动力因素对河口地貌的作用过程。

（3）通过现场挖掘、测量、拍照等形式，对比河口泥沙堆积体不同部位的沉积剖面特征。

4.16 茂名市博贺海洋气象基地

4.16.1 站点介绍

考察点位于茂名市滨海新区电城镇莲头岭半岛的中部，地理坐标为东经111°19′24″，北纬21°27′37″。这里是影响中国大陆旱涝的夏季风西南水汽输送通道的前沿地带，也是台风、暴雨、大风、海雾、海浪、风暴潮等天气、海况引发的自然灾害多发区域（图4－29）。茂名博贺海洋气象观测站主要是由四部分构成，一是在大陆上的海岸陆地观测基地，二是在近海的海上气象观测平台，三是在海岛上的通量观测塔，四是10 m大型海洋气象浮标站。

图4－29　博贺海洋气象基地台风登陆地标识

海岸陆地观测基地位于电白区电城镇莲头半岛南侧的海岸线上。海岸线呈东北－西南走向，南面为广阔的南海水域，北部为植被稀疏的丘陵（图4－30）。在一般情况下，来自海上的偏东风和偏南风受局部地形、树木或建筑物的影响很小。主要开展大气边界层垂直结构、近地面气象要素观测和海洋环境要素观测（图4－31）。

图4－30　博贺海洋气象基地所处海滩

图4-31　气象观测仪器

海上气象综合观测平台建于距海岸线6.5 km、水深14 m的海洋上，是我国已建成的第一个海洋气象专业观测平台，主要用于大气边界层与海洋边界层过程及其相互作用过程的观测，并可根据不同学科的需求，搭载其他观测设备。观测平台总高度为53 m，上部为25 m钢塔；下部由重力式基础、钢管支撑和三角平台组成，包括25 m左右的海-气通量观测和大气边界层特征观测塔、10 m海洋气象要素观测塔及水下海洋要素观测设备。

100 m通量观测铁塔位于距海岸约5 km的海岛上，主要用于进行海气通量和风能观测。观测设备包括GILL WindMaster Pro超声风温仪1台，风温湿梯度观测系统（风传感器6层10 m、20 m、40 m、60 m、80 m、100 m；温、湿传感器4层10 m、20 m、40 m、80 m）。观测项目包括三维风、虚温脉动量以及风向、风速、温度、水汽等梯度。

4.16.2　考察内容

（1）认识海洋气象观测仪器。

（2）观察砂质海岸动力地貌特征。

（3）观察台风过程对海滩的侵蚀和风暴沉积。

4.16.3　实习要求

（1）在教师的带领下，了解各种海洋气象观测仪器的工作原理和使用方法，认识其科学价值。

（2）在教师的带领下，了解波浪传播与破碎对砂质海岸的作用过程。

（3）通过现场挖掘、测量、拍照等形式，考察砂质海岸沉积剖面对风暴过程的响应。

4.17　东莞市海洋与渔业环境监测站

4.17.1　站点介绍

东莞市海洋与渔业环境监测站直属东莞市海洋与渔业局管理，主要负责市辖海洋与江河水域环境监测；参与涉渔项目损失评估；开展渔业资源监测调查、保护，并开展增殖放流及效果评估；承担水产品质量监督抽样检验和实施证书管理的产品检验，对渔业污染事故进行调查和鉴定；制定黄唇鱼自然保护区管理制度，实施保护区的日常管理、巡护与宣传，组织开展黄唇鱼救护、驯养、繁殖和相关研究（图4－32）；负责市辖海域使用动态监视、监测、监管工作；承担国家和省、市下达的海洋环境监测、海域使用动态监视监测和水产品抽样检验任务（图4－33）。

具体开展工作如下。

1．海洋环境监测

一是监测能力不断提高，监测项目从最初的三类55项扩展到目前四大类共123项；二是每年开展海域近岸趋势性监测、陆源入海污染物监测等10余项监测任务，基本摸清东莞市海洋环境质量现状；三是从2004年起每年发布年度海洋环境质量（状况）公报、服务政府决策；四是每年组织突发性海洋环境事故监测应急演练，提高应急处置能力。

图 4－32　东莞市海洋与渔业环境监测站黄唇鱼自然保护区

图 4－33　东莞市海洋与渔业环境监测站实验室

2. 渔业质量监督检验

一是建成了覆盖东莞全市 52 个示范水产养殖场、32 个镇（街）中心农贸市场、4 个专业水产批发市场和 1 个无公害水产品供莞基地的监测监控网络；二是水产品质量安全监控密度和频率逐年增强，年抽检水产品达千批次以上，走在全省地级市前列；三是完成《水产品中孔雀石绿快速检测酶联免疫吸附法》广东省地标制定及“供莞水产品基地龟鳖良好养殖规范研究与示范”等课题研究。

3. 海域使用动态监管

一是高标准完成海域监管系统硬件与软件配套建设，并被国家海洋局评为全国优秀建设单位；二是做好基础数据入库，数据处理与入库工作走在全省前列；三是建设东莞市海域监管业务与指挥系统，为海域监管工作提供业务运行平台；四是开展在建用海项目例行监测及疑点疑区监测，摸清海域使用基本现状，发现存在的问题，并向决策部门反馈。

4. 生态资源保护

一是开展黄唇鱼救护工作，共救护被误捕的黄唇鱼 400 尾，救护成功率达 80% 以上，保护区管理站成为全省首批水生野生动物救护基地；二是开展黄唇鱼科学研究工作，驯养研究取得成功，相关课题获东莞市科技进步三等奖，繁育研究课题也获市科技局立项；三是开展东莞水域及南海区渔业资源监测，获得监测数据近 100 万组，为伏季休渔等相关政策提供科学依据；四是建设科普基地，开展海洋环境生态保护宣传；五是完成渔业污染事故调查和鉴定 60 余起，共为水产养殖户挽回经济损失 100 多万元。

4.17.2　考察内容

（1）海洋与渔业环境监测的常规参数与注意事项，包括水体检测、沉积物检测及生物体检测等。

（2）海洋与渔业环境监测常用仪器，如液相色谱、气相色谱、质谱及原子发射光谱、原子吸收光谱等及其在监测站职能上的应用情况。

（3）珠江河口地区黄唇鱼保护工作，了解珠江口水域黄唇鱼经济及生态价值，黄唇鱼的生存状况及保护措施。

4.17.3 实习要求

（1）在教师的带领下，参观东莞市海洋与渔业环境监测站及实验室，了解学习监测站日常工作内容，监测工作重点，以及监测工作的注意事项。

（2）通过教师讲解，了解海洋与渔业环境监测站实验室设计及常用仪器的使用。

（3）参观黄唇鱼保护区，学习黄唇鱼保护的相关知识。

4.18 深圳盐田海洋生态环保服务中心

4.18.1 站点介绍

深圳盐田海洋生态环保服务中心是一家由深圳本地青年组建且正式注册的海洋环保公益组织，致力打造“珊瑚虫海洋公益”品牌。在梅沙街道的扶持下，海洋环保服务中心正式启动大梅沙珊瑚种植和保育项目，积极尝试人工在大梅沙海域海底种植珊瑚。盐田区海洋生态环保服务中心与广东省海洋开发研究中心、广东海洋大学与等组织合作成立广东海洋大学深圳盐田珊瑚保育基地。珊瑚种植和保育项目已投放人工珊瑚礁 25 座，种植珊瑚苗 5000 株（图 4 – 34）。

生态环保服务中心开展的工作如下。

（1）开展珊瑚普查工作。经普查测算，大梅沙海域珊瑚覆盖海域面积

图4－34　人工珊瑚礁投放

约为2.5 km^2，现今共有43个种类的珊瑚生长于此海域。

（2）开展科普教育。通过建设中心内珊瑚礁及人工模拟生态系统，以及组织到珊瑚礁种植海域参观活动，普及大众对大梅沙海域珊瑚保育的相关知识，以及大梅沙水域中珊瑚礁典型生态系统的特征与保育工作（图4－35）。

图4－35　深圳盐田海洋生态环保服务中心展厅

（3）组织志愿活动。开展大梅沙海洋漂浮垃圾与海滩垃圾清理等海洋环境保护公益活动，以及海滨栈道徒步活动等。通过志愿活动提高人们对海洋保护的意识，改善盐田海域海洋生态系统。引导更多的人关注和参与梅沙珊瑚礁及海域环境的保护，增强公众对海洋环境和生态保护的意识，推进海洋环境保护工作，促进社会经济可持续发展。

4.18.2 考察内容

（1）参观深圳盐田海洋生态环保服务中心及深圳大梅沙海域珊瑚保育基地，了解珊瑚保育工作情况。

（2）参与大梅沙海滩及海域中垃圾清理工作，学习海洋垃圾对海洋生态系统的影响。

（3）学习海洋生态保护的重要性。

4.18.3 实习要求

（1）在教师的带领下，学习珊瑚保育及海洋环境保护等相关内容。

（2）通过教师讲解，学习了解海洋环境的改变对海洋生态的影响。

4.19 湛江市海洋环境与渔业监测站

4.19.1 站点介绍

湛江市海洋与渔业环境监测站是湛江市海洋与渔业局下属的一个事业单位，主要负责对全市海洋与渔业环境水域常规的监视监测，定期提供海洋环境与渔业环境质量报告；对全市所有重点种苗场、出口原料基地进行定期抽查，在对虾交易市场设立质量监督点；定期对沿海渔民进行技术培训及环保宣传；开展有关赤潮等海洋现象的调查、监测监视和预警预报工

作；负责海洋渔业资源的动态监测、重大急性污染死鱼事件的调查、取证、渔业资源的调查、保护、增殖放流；承担湛江海域使用的资源、环境影响评估论证、水生野生动物的资源调查和科学鉴定、沿江沿海开发建设项目的环境影响评价工作（图4－36）。

图4－36　湛江市海洋与渔业环境监测站实验室

4.19.2　考察内容

（1）开展座谈会，了解海洋监测的基本需求及项目，以及湛江市海洋与渔业环境监测站的主要工作内容。

（2）参观实验室，学习海洋环境监测仪器的分类，认识海洋环境监测常用仪器。

4.19.3　实习要求

（1）认真听取海洋与渔业环境监测站介绍，了解海洋环境及渔业环境的监测重要性及监测原则。

（2）学习海洋环境不同参数的监测仪器及使用注意事项。

4.20 中国科学院深海科学与工程研究所

4.20.1 站点介绍

中国科学院深海科学与工程研究所（简称为“深海所”）成立于2011年，由海南省人民政府、三亚市人民政府和中国科学院三方联合共建，位于中国海南省三亚市鹿回头半岛。深海所利用地域位置，避开传统领域的竞争，形成专业特色，在我国最为临近深海的省份建立完备的国立深海研发基地，成为国家深海研发试验的共享开放平台，填补我国深海战略上的地域空白。

在深海科学研究方面，深海所重点开展与物理海洋、海洋地质、海洋化学及海洋生物相关的深海科学问题研究，以深海环境与生态过程、深海地质构造、沉积演变及其油气矿产资源、深海环境下的生物学特征为主要研究方向，致力于深海核心科学问题的解决，并促进与深海科学研究相关的深海工程技术与装备设备研发（图4－37）。

在深海工程技术方面，深海所的研发主要包括：①海洋多参量智能测量与传感器技术及装置（如深海环境探测、原位分析装置及传感器技术、成像与可视化技术等）；②深海生物资源探测技术与系统，深海低温高压、高温高压体系的物理、化学及生物学的实验模拟技术；③海洋观测、定位的网络系统技术与方法（如海底观测网络的构建与接驳技术、深海信息传输、海洋环境立体观测一体化技术、信息多层次集成与应用服务系统技术）；④水下作业潜水器、潜标系统集成及应用技术（如小型深海作业平台及运载技术、能源、材料与密封技术、水下滑翔机、浮标/潜标技术）；⑤深海科学研究和深海资源开发的作业装置和工具（如各类保真采样、原

图 4－37　深海所鲸豚标本馆

位监测与实验技术及装置）；⑥海洋油气、矿产勘探开发新方法、新技术与系统（图 4－38）。

目前，深海所重点建设深海科学研究部、深海工程技术部和海洋装备与运行管理中心 3 个主要业务单元。其中，深海科学研究部下设深海生物学研究室、深海地质与地球化学研究室、深海地球物理与资源研究室、海洋环流观测与数值模拟研究室、深海极端环境模拟研究实验室、地外海洋系统研究室和分析测试中心 7 个基本研究单元；深海工程技术部下设深海探测技术研究室、深海信息技术研究室、深海资源开发研究室、深潜技术研究室和工程实验室 5 个基本研究单元；海洋装备与运行管理中心主要围绕科考船舶、深海装备、科研码头等资源，开展建设和运行的组织管理和协调工作，管理船舶航次、提供科考作业技术支持，为科学考察和研究提供应用平台和技术保障，同时负责船员和工程技术人员的管理和培训。

图 4 – 38　参观深海工程实验室

4. 20. 2　考察内容

（1）参观深海工程实验室，了解各种深海深潜高技术装备。

（2）参观鲸豚标本馆、深海极端环境模拟研究实验室、海洋生物化学实验室，认识各种实验装置和了解实验流程。

（3）观看深海纪录片，了解我国首次在马里亚纳海沟开展万米级海底探测的情况。

4. 20. 3　实习要求

（1）在教师的带领下，学习、了解深海环境探测原位分析装置及传感器技术。

（2）通过教师讲解，学习、了解海洋地质、海洋生物、海洋化学等不同学科的实验设备。

4.21　广东海上丝绸之路博物馆

广东海上丝绸之路博物馆位于广东省阳江市海陵岛试验开发区的“十里银滩”上。总建设面积 1.75×10^4 m^2。该建筑不仅在全国，还在世界上都堪称标志性建筑，主要由“一馆两中心”（即广东海上丝绸之路博物馆、海上丝绸之路学研究中心和研发中心）构成，设有陈列馆、水晶宫、藏品仓库等设施。主要展出的是沉寂于海底800多年的宋代商贸海船。广东海上丝绸之路博物馆建筑特色鲜明，设计创意独特，紧扣海的主题，体现海洋文化与南方建筑风格的柔美组合。立面由5个大小不一的椭圆体连环相扣组成，整体既似起伏的波浪，又如展翅的海鸥（图4－39）。整个建筑使用层数为地上3层、地下1层。5个拱体包容博物馆的陈列展示及办公区域，分区明晰。中间最大的椭圆体即是为沉船量身定做的家园——“水晶宫”。右侧两拱为文物展示厅，主要展示“南海Ⅰ号”打捞出水的文物，左侧两拱为办公区域。

图4－39　广东海上丝绸之路博物馆鸟瞰

“南海Ⅰ号”是一艘南宋时期的木质古沉船，沉没于广东省阳江市东平港以南约20海里处，是目前发现的最大的宋代船只，于1987年在广东阳江海域发现。初步推算，“南海Ⅰ号”古船是尖头船，整艘商船长30.4 m、宽9.8 m，船身（不算桅杆）高约4 m，排水量估计可达600 t。专家从船头位置推测，当时这艘古船是从中国驶出，赴新加坡、印度等东南亚地区或中东地区进行海外贸易。这艘沉没海底近1000年的古船船体至今仍保存相当完好，船体的木质坚硬如新（图4－40）。“南海Ⅰ号”是在“海上丝绸之路”主航道上的珍贵文化遗产，它所载的文物反映我国宋代的社会生产、社会生活、文化艺术与先进科学技术，为“海上丝绸之路学”研究古代造船技术、航海技术及研究我国古代的“来祥加工”等提供极好素材，对研究“海上丝绸之路”历史、造船史、陶瓷史、航海史、对外贸易史等均有重要的科学价值。因此，“南海Ⅰ号”成为世界考古界和探险界关注的焦点。

图4－40　南海Ⅰ号遗址正射投影

博物馆主要分为三大展区八大展厅。

一号展区。一号展区下设3个展厅，分别为海上丝绸之路史展厅、珍品展厅和水下考古史展厅。海上丝绸之路史展区展出的是“南海Ⅰ号”上打捞出水的相关文物，有瓷器、石雕、朱砂、木梳、铜环等。沿木制船梯往上进入珍品展厅，主要展出的是“南海Ⅰ号”出水的保存相对完整、器型独特精美，甚至是国内首次发现的一些精品文物。水下考古史展厅则主要是中国水下考古发展历程的图片展（图4－41）。

二号展区。二号展区下设阳江本土文物展厅和认识海洋展厅。认识海

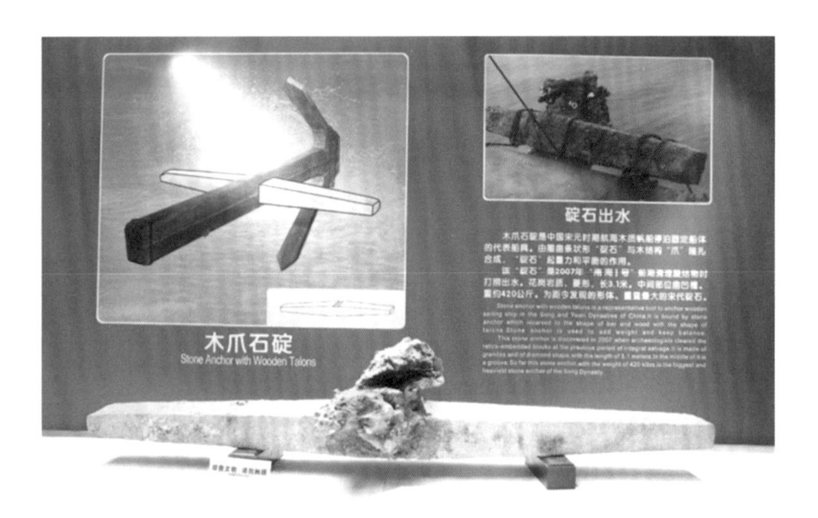

图4－41　南海Ⅰ号的木爪石碇

洋展厅则为大家了解海洋文化提供一个平台。

三号展区。三号展区即为“水晶宫”。主要展出的是沉寂于海底800多年的宋代商贸海船。两侧主要摆放“南海Ⅰ号”出水的精美陶瓷及宋代铜钱，上层是水下考古平台及“南海Ⅰ号”整体打捞专题展（图4－42）。

图4－42　南海Ⅰ号搭载的陶瓷

第5章 认识实习报告样本

5.1 认识实习报告的写作

认识实习报告是对实习中见到的各种现象加以综合、分析和概括，用简练流畅的文字表达出来。写实习报告是对实习内容的系统化、巩固和提高的过程，是写学术论文的入门尝试，也是进行科学思维的训练。实习报告要求以野外收集的素材为依据，报告要有鲜明的主题、确切的依据、严密的逻辑性。报告要简明扼要，图文并茂。报告必须是通过自己的组织加工写出来的，切勿照抄书本。一份完整的实习报告应包含的内容如下。

1. 标题

要求以最简明、准确、醒目的词语概括、提示实习报告的主要内容，标题不宜过长，要避免使用不规范的简缩语、代号和公式等。标题可以明确点明题意，也可以点出研究的问题范围，或提出问题。

2. 绪论

可简要介绍实习的时间、实习地区的交通位置和自然地理状况，实习的任务、目的、要求、人员的组成等。同时，也可对实习报告讨论的对象、意义、研究方法、相关领域前人的工作基础等进行说明。

3. 正文

正文为实习报告的核心部分，应做到内容充实，论据充分、可靠，论证有力，主题明确。正文可包括以下内容：调查与研究对象、实验和观测方法、仪器设备、材料原料、实验和观测结果、计算方法、数据资料、形成的论点等。作者应客观、翔实地展示观测或实验所得的各种数据，并对所得结果进行定性和定量分析，也可对各种现象进行合理的解释。

4. 讨论

对所观察到的现象和结果做进一步的探讨，将所测量的指标与文献值进行比较，进一步对结果机理进行分析。结合文献，讨论各种现象的可能成因，或对其演变趋势进行预测。

5. 结语

对前文内容做概括和总结，也可说明实习后的收获、认识、体会，实习过程中遇到的问题，以及对实习的建议等。

6. 致谢

对实习过程中做出贡献或帮助的人员或机构表达谢意。

7. 参考文献

在实习报告写作过程中参考的学术著作、重要论文等，列参考文献要精当，有代表性，不可随便凑数。参考文献按照学术论文的规范格式进行排列。

8. 图件、表格

图件主要包括线条图和照片图。线条图的设计要合理，符合统计学与规范化的要求。图形要简明、完整、清晰地表述主题内容。全图外廓以矩形为宜。照片图应注意图片清晰度要好，对比度要合适。图中需标注文字、数字或符号时，尽量使用电脑适当添加，使图片清楚、美观、协调。表格宜采用三线表格式。图表的编写序号，一般采用阿拉伯数字分别依序编排，如图 1、图 2、表 1、表 2 等。图表应标明简短贴切的题目。

5.2　认识实习报告样本

5.2.1　报告样本1：惠州双月湾东西侧弧形海岸地貌特征及试探讨其水动力成因

报告样本1：惠州双月湾东西侧弧形海岸地貌特征及试探讨其水动力成因如表5－1所示。

表5－1　惠州双月湾东西侧弧形海岸地貌特征及试探讨其水动力成因

1．绪言

2017年8月28日，中山大学海洋科学学院2016级师生抵达双月湾，进行为期3天的野外实习。双月湾位于惠州市惠东县港口镇，分为两湾，由大亚湾畔和红海湾畔相邻的2个弧形海岸组成，因形似两轮新月得名。所在的惠东港口镇拥有中国大陆架上唯一国家级的海龟自然保护区，这也是南海北部大陆沿岸唯一的产卵场，被列入《国际重要湿地名录》（根据《拉姆萨尔公约》）。附近交通比较便利，有广惠高速、深汕高速、海湾大桥等，从广州出发到达这里仅需约2.5 h。当地旅游业兴旺，沿岸分布有许多度假酒店。作为两湾共同岬角的丘陵上设有观景区，游人甚众。

双月湾地理图如图1所示，左湾（平海湾）连接大亚湾东畔，通常风平浪静，后面是不宽的沙坝。由于有河流注入潟湖，且河流径流量小，形成一个特殊的沙坝－潟湖体系，随降水量和蒸发量的增加和衰减形成季节性变化。丰水期潟湖内的水不咸不淡，具有一定的河口特征；枯水期潟湖中的水流完全由潮汐汊道控制，主要为咸水，表现为潟湖的特征。从潟湖尾部到根部，发育有红树林植被，但是面积逐渐萎缩，说明该潟湖主要受海水影响，河流影响很弱，越靠近尾部潮汐汊道，其受海洋控制程度越深。沙坝上建有丁坝，集中波能，同时拦截泥沙输运，防止沙坝进一步发育将潮汐汊道闭合，从而维持潟湖纳潮量。右湾（东山海）连接红海湾西畔，其岸线较顺直，无沙嘴发育，常年波涛汹涌，开发程度很低。

续表 5－1

图 1　双月湾地形及标示（摄影者：左皓晟，2017 年 8 月 28 日）

本次实习主要考察两湾海滩地貌特征及分别采样进行剖面形态分析。

2.1　大亚湾侧弧形海岸地貌特征及剖面分析

大亚湾侧海湾沙坝中段有海滩堆积，弧度大，滩面宽平，后部滩面被建筑、公路占用。砂质大致呈现一定程度的灰色，含有大量细颗粒的粉砂质和淤泥质。

经过测量，该海滩朝西南向，可测滩面宽度为 37.2 m，坡度在 0.5°～5.3°，十分平缓。具体数据如表 1 和表 2 所示。

表 1　大亚湾侧海滩坡度数据

项目	数据 1	数据 2	数据 3	数据 4	数据 5	数据 6	数据 7	数据 8
测试点位置/m	0	5	10	15	20	25	30	35
坡度/°	1.9	2.7	0.5	1.8	3.2	3.3	5.1	5.3

表 2　红海湾侧海滩坡度数据

项目	数据 1	数据 2	数据 3	数据 4	数据 5	数据 6
测试点位置/m	2	6	10	14	18	22
坡度/°	6.8	6.5	7.3	8.1	9.5	11.5

测试点位置指以波浪与海滩交界处为起点，距离起点的长度位置。

2 班的学生在潮上带和潮间带分别挖了 2 个 1 m 见方的剖面，以期大致推测该海滩地貌形成不同时期的动力作用情况。记潮上带为 2A 剖面，潮间带为 2B 剖面。

续表5-1

2.1.1 2A剖面

取所挖处西侧剖面——下至海平面地下水位基准面，高约100 cm。该剖面自下而上主要分为3层。

（1）83 cm及以下，灰黄色粉砂层，主要由粒径较细的粉砂质物质组成，分选良好，含有少量的枯枝和垃圾。

（2）83 cm以上且不大于90 cm，很薄的棕黄色粗砂层，主要由粒径较粗的砂质组成，分选性较差。

（3）90 cm以上且不大于100 cm，灰白色细砂层，分选良好。

海滩沉积物粒径与海水动力作用（主要为波浪作用和潮流作用）强度相关，波浪和潮流的作用越强，沉积物会呈现更粗的粒度，反之亦然。最表层灰白色细砂应为风搬运堆积作用形成。根据2A剖面的层理结构，最底层为较厚的细粉砂层，中间层是很薄的粗砂层，推测该处曾经受过相当长时间的弱海水动力作用，且可能曾为堆积场，受人类活动的影响，此后某段时间海水动力作用显著增强（可能为风暴潮）。一定时间后该处出露高潮线，不再直接受波浪和潮流的作用，而主要受风的影响。风搬运过程中遇到沙坝阻碍导致风速降低，在海滩形成表层的灰白色松散堆积物。

2.1.2 2B剖面

取所挖处西侧剖面——下至海平面地下水位基准面，高约25 cm。该剖面的分层不如2A剖面的明显，自下而上主要分为5层。

12 cm及以下，灰黄色粉砂层，主要由粒径较细的粉砂质物质组成，但约5 cm处清晰地存在1条很细的灰白色线。

12 cm以上且不大于14 cm，灰黄色粗砂层，含有少量砾石，分选性较差。

14 cm以上且不大于16 cm，灰色泥质层，主要为粉砂质与淤泥质混合物，分选良好。

16 cm以上且不大于20 cm，含少量砾石的灰黄色粗砂层，砾石粒度也相近。

20 cm以上且不大于25 cm，灰色泥质层，主要为粉砂质与淤泥质混合物（图2）。

通常在海水动力作用下，沿岸输运的泥沙沉积呈现粗细颗粒不等的黄色砂质沉积，而河流搬运的冲积物主要由碎屑物组成，常为砂、粉砂、黏土等泥质沉积。联系当地地理地貌状况，潟湖上段有河道狭窄、径流量弱的河流注入。在河流的入

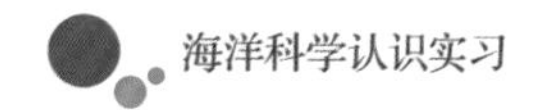

续表 5-1

湖、入海处，会发生流速明显降低的现象，而流速降低是河流的沉积作用发生的原因之一。因此，可能其搬运的细颗粒物质在此处沉积，导致该侧海滩同时具有沿岸飘沙和河流输沙，兼具海陆泥沙供给，导致河流冲积物与海洋沉积物形成泥沙混合质海滩。根据2B剖面的层理结构主要为泥质、砂质交错层，泥质层表示受到河流影响，砂质层表示河流影响很微弱，大致上可以推测该海滩所受河流作用影响的强度具有周期性变化。砂质层比泥质层略薄，可见在河流影响强度变化周期中，河流强影响时段略长于弱影响时段。2个砂质层与2个泥质层各自颗粒基本一致，可见一般情况下该海滩动力条件整体比较稳定。最底层含有1条细灰白色线，与2A剖面的表层风积物十分相似。由于仅为一薄层，排除地质抬升的原因。初步估计有2种可能：①曾经短时期发生海水后退或潮汐减弱，导致该处潮间带出露，高于高潮线，接受一段时间风积作用后再次变成潮间带，接受海水沉积。②受华南地带该地西南方向特大台风影响形成风积物。判断具体为哪一种可能需要调查近五六十年来影响大亚湾的台风等情况，目前的数据不充足，无法证明其成因。

a　　b

图2　采样点1剖面标示

a：2A剖面；b：2B剖面。

大亚湾侧动力及地貌总体特征为：海水动力作用弱，海岸弧度较大，泥沙混合

续表5-1

质海滩，宽且平缓。

2.2 红海湾侧弧形海岸地貌特征及剖面分析

红海湾侧海湾海岸线相对顺直，冲流带处陆海相互作用强，波浪混浊，发育有滩角，具有典型孕育型海岸的特征。潮上带与潮间带之间有滩脊（沿岸堤），指示高潮线。滩面狭窄且陡，砂质粒径较粗，呈现黄色砂质海滩。后面发育有高大的风成沙丘，沙丘上发育有一定的植被（图3）。

图3 红海湾侧海滩地貌标示

经过测量，该海滩朝东南向，宽度为23.3 m，坡度在6.8°～11.5°，具体数据见表2。我们分别在潮上带和潮间带挖了2个剖面。记潮上带剖面为A，潮间带剖面为B。

2.2.1 A剖面

取所挖处南侧剖面——下至海平面地下水位基准面，高约105 cm。该剖面自下而上主要分为2层。

80 cm及以下，深黄色粗砂层，分选较好，粒径比大亚湾侧明显更粗。

80 cm以上且不大于105 cm，灰白色细砂层，粒径与大亚湾侧相当，夹杂多个砾石层。

该剖面的灰白色细砂由风力搬运堆积而成，深黄色粗砂由海水动力作用堆积而成。初步推测该处潮上带曾长期直接受到海水作用，直至沉积物堆积至出露高潮位。据前面分析，海水动力作用越强，堆积物的颗粒粒径越粗，可见该侧海水动力

续表 5－1

作用强度应大于大亚湾侧。风成细砂中含有多个砾石层，有 2 种可能：①由华南地区东南方向台风搬运而成。因为台风的风力风速远比盛行风强，搬运能力也随之增强，所搬运物质遭遇沙丘阻挡后在滩面堆积，可能形成砾石层。②由风暴潮增水导致。砾石虽然位于风成细砂层，说明该处位于高潮线以上，但特殊情况如风暴潮增水可能导致该处接受海水动力作用，且风暴潮波浪作用强，堆积物颗粒粗，也符合该剖面反映的情况。这里提出一个办法以确定该处属于哪种：在砾石层采样，观察样品磨圆度。通常风积物磨圆度较差，而波浪作用下磨圆度会较好（图 4）。

2.2.2　B 剖面

取所挖处西侧剖面——下至海平面地下水位基准面，高约 55 cm。该剖面含有大量建筑废料，分选很差，粒径粗，分层不明显，基本上为深黄色粗砂，中有多个砾石层，最明显的一个位于 30 cm 附近（图 4）。

图 4　采样点 2 剖面标示

a：A 剖面；b：B 剖面。

该剖面主要由粗细大小不均的砂质颗粒、砾石、建筑废料混合形成。建筑废料集中在剖面上半部分，说明近期此处曾受人类施工影响。整体上颗粒粒度较 2B 剖面的粗，反映该侧潮间带海水动力作用更强，这也印证对 A 剖面分析所得的结论。

续表5-1

因为该处位于潮间带，砾石层应是在风暴潮增水影响下形成的，推测与A剖面砾石层很可能由同期风暴潮造成。较之大亚湾侧剖面，显然红海湾侧受华南风暴作用影响更大。若考察当地历年台风影响，可以确定各砾石层具体由哪个台风造成，进而确定各层年代及风、海水动力作用下沙滩堆积速率。

红海湾侧动力及地貌总体特征为：海水动力作用强，海岸弧度很小，沙质海滩，狭窄陡峭。

3. 讨论

河流动力作用对海滩的影响主要为陆源输沙。海水动力作用主要分为潮汐作用和波浪作用。两种作用类型对双月湾东西侧海滩地貌形成的影响如下。

3.1　潮汐作用的差异

两湾具有不同的潮汐类型，红海湾为不规则全日潮，大亚湾为不规则半日潮。通常一天之内全日潮产生的全部潮汐能量比半日潮的强[1]。因此，大亚湾侧受到的潮汐作用较小。双月湾的潮差为0.5～1.0 m，双月湾属于弱潮区，潮汐作用对地貌的塑造十分有限。

需要指出，虽然华南海滩主要是波浪作用下的产物，但是作为一种大尺度海岸行为特征的岸线形态，潮汐通过改变波浪作用基面，延伸了波浪作用范围，泥沙在更大范围内进行调整，从而对海岸平面弧形形态塑造产生影响[3]。2014年，Iglesias等[4]通过神经网络模型分析发现，潮差越大，遮蔽段的凹入度会越大。

3.2　波浪作用的差异

蔡锋[5]等认为可将华南砂质海岸地貌可分为3种岸型：岬湾岸、沙坝-潟湖岸和夷直岸，各种岸型对应着不同的海水动力作用。双月湾左湾发育有沙坝、潟湖地貌单元，符合第2类岸型，且其拦湾沙坝平行岸线分布，头端弯曲，属于亚划分的沙嘴砂体坝型。该类型乃斜向海岸入射波浪引起的沿岸输沙造成，具有以下海岸特征：①泥沙供输平衡，符合Silvester所描述的对数螺线形态（注意不是符合对数螺线理论）。②切线段位于海湾西侧，弧形遮蔽带及潮汐通道居于东侧。右湾符合岬湾岸型，通常该类型动力条件属于浪控海岸。

据戴志军[6]在2004年的研究，华南沿岸的弧形海岸来源于大海湾，并且往往存在河流输沙和沿岸飘沙，因此，对数螺线理论不适用于华南弧形海岸平衡状态的

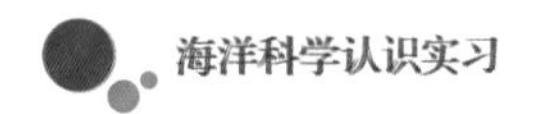

续表 5-1

判定（除靖海湾和水东湾）。李志龙等[7]则指出实际应用中螺线极点与绕射发生点不合，螺线形态上与实际岸线偏离也很大。对数螺线理论虽有一定的局限性，仍被部分文献使用来定性解释弧形海岸地貌对波浪传播方向的影响，这与实际波况也较吻合。结合蔡锋的结论，左湾符合对数螺线形态，右湾为有岬角的浪控岸型。因此，以下分析也主要采用此种方法。

根据对数螺线理论对弧形海岸平面形态的解释，弧形海岸岸段主要由切线段和弧形遮蔽带组成：①靠下岬角的切线段为波浪直接入射部分，与盛行波浪斜交或垂直。②靠上岬角的弧形遮蔽带位于上岬角波影区，主要为盛行波绕射区域。切线段岸线顺直，为相对堆积岸段。海滩剖面较陡，泥沙横向搬运作用强，常发育有高大风成沙丘。遮蔽段呈内凹的半圆形岸段，为相对侵蚀地带，泥沙横向搬运作用弱，海滩剖面平缓，沙坝易于在此被潮流和径流冲刷形成潮汐通道[3]。

结合蔡锋的聚类分析和对当地岸线的观察，左湾近似于弧形遮蔽带，右湾近似于切线段。华南沿海的波浪主要以风浪为主[1]，双月湾盛行波向为东南向，年平均波高 0.7 m。

双月湾处的岬角比较特殊，既是左湾的上岬角，又充当右湾的下岬角。盛行波向为东南向，波浪从外海传入时遭遇出露的岬角发生反射和绕射，左湾位于岬角后面的波影区，波向线辐散，波高递减，波浪能量大为减小，且沙嘴头部建有丁坝，可以集中波能，导致左湾受到的波浪作用更加微弱，故常年微风细浪。右湾岸线顺直，与盛行波斜交或垂直。波浪传入近海，水深逐渐变浅，发生波浪折射，会导致波峰线逐渐与岸线垂直，所以该侧波浪沿岸搬运几乎为零。同时，激浪正面拍打岸线，水动力作用很强。

波浪破碎时会在破碎点附近产生强烈紊动，使海滩床面沉积物大量起动，起动后随水流挟带发生离岸-向岸运动，最后沉积形成沙坝或滩肩。在整个海滩剖面形态形成过程中，波浪的破碎引起的“掀沙”作用和破碎后水流的“输沙”作用对海滩形态的塑造产生显著影响。Baldock[8]揭示 Dean 参数与海滩冲淤状态有关，Dean 参数大，海滩呈现出冲刷状态；Dean 参数小，海滩呈现出淤积状态。其中，冲刷状态下的沙质海滩多为沙坝形态，而淤积状态下的沙质海滩基本上是滩肩形态。

波浪破碎和其产生的强烈紊动不仅对海滩剖面形态产生影响，对海床沉积物的分选也产生作用。粒径较大的沉积物常以推移质的形式运动，而粒径较小的沉积物

续表5－1

则以悬移质的形式运动，且水流的紊动能够为悬移质的运动提供动力。蒋昌波等[9]的研究实验表明，波浪在沙槽附近破碎，产生强烈紊动，导致海滩床面沉积物大量起动。海滩沉积物在波浪作用下产生明显的分选现象。破碎波产生的强烈紊动造成床面沉积物的起动，同时为小颗粒的运动提供动力。水体紊动的影响导致水流挟沙力下降，大颗粒泥沙在紊动较强区域产生沉积，一部分被水流挟带发生向岸推移；小颗粒泥沙则随水流运动，在紊动较弱的区域分散沉积。据此，联系两湾水动力作用差异，理论上左湾紊动较弱，小颗粒泥沙将在此沉积，右湾紊动较强，沉积物粒径会更大。由前述对剖面的分析，左湾沉积物多为粉砂、黏土，右湾多砾石、粗砂，理论与实际情况比较一致。

综合基于对数螺线形态的分析和 Baldock 与蒋昌波等的研究，左湾为遮蔽段，受海水动力作用相对侵蚀，会呈现沙坝状态，沉积物颗粒较细；右湾为切线段，相对堆积，会呈现滩肩状态，沉积物粒径较粗。结论与实际状况十分接近，因此，以上分析可以作为双月湾东西侧海滩地貌差异的一种可能的解释。

4. 结论

上述分析首先从大尺度的潮汐类型和盛行波向得出大致上左湾海水动力作用会较右湾弱，这点与实地观察的结论一致。接着讨论了使用对数螺线理论解释当地波况的可行性，通过该理论对两湾形态的动力成因解释，最终得出结论左湾波浪强度会低于右湾。

要解释双月湾东西侧地貌特征的差异成因，需要解决3个问题：①两湾岸线弧度差异；②两湾分别形成沙坝和滩肩状态的原因；③两湾沉积物差异的原因。

通过对数螺线理论解释，右湾与盛行波向基本垂直，为切线段，故岸线较顺直。左湾处于岬角后波影区，为弧形遮蔽带，岸线较弯曲。同时，粤东属于弱潮区，潮差小，据 Iglesias 的研究，该处遮蔽段凹入度不大，这也符合左湾的岸线平面形态。

结合 Baldock 的结论与对数螺线理论，切线段相对堆积，而淤积状态下的沙质海滩基本上是滩肩形态。遮蔽段相对侵蚀，冲刷状态下的沙质海滩多为沙坝形态。

蒋昌波等的研究实验表明，紊动强度会导致沉积物颗粒粒径差异。左湾海水动力作用微弱，紊动弱，因此，多沉积有小颗粒泥沙；右湾紊动较强，沉积物粒径会较前者大。同时，左湾具有河流输沙，故沉积物会呈现细颗粒粉砂与泥质混合的现

续表 5－1

象，并且随丰水枯水期，沉积物泥质含量不同。右湾几乎无陆源输沙，呈现为粗颗粒的砂质海滩。

5. 结束语

前述是基于短短 3 天野外实习、笔者粗浅的海洋学知识及根据相关文献做出的一些分析推断，没有进行定量实验和数学分析，具有相当大的局限性，如未能理论阐释两岸的稳定性从而预报地貌单元的变化方向。本文仅作为增长对海洋学研究对象和研究方法认识的一个尝试。

在这次野外实习及撰写实习报告的过程中，笔者收获颇丰：学习概化模型的同时接触更复杂的自然现象，不仅增强兴趣，还能加深对知识的理解；在收集相关文献的过程中，发现不同学者对一个问题会得出不同的甚至矛盾的结论，需要认真理解文献资料中的细微差别，扬弃观点，获得自己的理解。

6. 致谢

感谢珠海阳光国际旅行社有限公司提供全程的服务。

感谢友情提供图片、测量数据和协助测量的同学们。

参考文献

[1] 戴志军，李春初. 华南弧形海岸的动力地貌研究［C］. 中国地理学会百年庆典学术论文摘要集，2009.

[2] 《中国海岸带水文》编写组. 中国海岸带水文［M］. 北京：海洋出版社，1995：132－172.

[3] 李志强，李维泉，陈子燊，等. 华南岬间弧形海岸平面形态影响因素及类型［J］. 地理学报，2014，69（5）：595－606.

[4] IGLESIAS G，LOPEZ I，CARBALLO R，et al. Headland-bay beach planform and tidal range：a neural network model［J］. Geomorphology，2009，112（1）：135－143.

[5] 蔡锋，苏贤泽，曹惠美，等. 华南砂质海滩的动力地貌分析［J］. 海洋学报：中文版，2005，27（2）：106－114.

[6] 戴志军. 螺线海岸判定准则及其在华南弧形海岸形态中的应用［J］. 热带海洋学报，2004，23（3）：43－49.

[7] 李志龙，陈子燊. 岬间砂质海岸平衡形态模型及其在华南海岸的应用［J］. 应用海洋学

续表5-1

学报，2006，25（1）：123-129.

［8］Baldock T E，Manoonvoravong P，Pham K S. Sediment transport and beach morphodynamics induced by free long waves，bound long waves and wave groups［J］. Coastal Engineering，2010，57（10）：898-916.

［9］蒋昌波，伍志元，陈杰，等. 波浪作用下沙质海滩沉积物运动特征［J］. 应用基础与工程科学学报，2016（2）：262-271.

5.2.2　报告样本2：水东港沙坝－潟湖海岸特征及人类活动的影响

报告样本2：水东港沙坝－潟湖海岸特征及人类活动的影响如表5-2所示。

表5-2　水东港沙坝－潟湖海岸特征及人类活动的影响

1．绪言

2018年7月24日，中山大学海洋科学学院2017级师生抵达茂名市电白区水东港，进行为期3天的野外实习考察。所在的电白区交通便利，沈海高速、包茂高速、汕湛高速、325国道、深茂高铁、广茂铁路横贯全境；水东、博贺两港的船只可直达国内各沿海城市。在潮汐汊道以内至潟湖的海岸具备水产养殖的先天优势，当地的水产养殖业发达；潮汐汊道处水深，可以作为港口的深水航道，因而当地的码头也比较多；沙坝靠近外海的一侧还造就了中国第一滩，附近有许多的度假酒店，当地的旅游业发达。

考察对象是水东港的沙坝－潟湖体系，它主要由沙坝、潟湖、潮汐汊道、涨潮三角洲、落潮三角洲等组成。其中，潮汐汊道沟通海湾和开敞海，与纳潮海湾和外海湾共同构成潮汐汊道系统。考察时，茂名市受到热带低气压的控制，潟湖内的风平浪静与外海的波涛汹涌形成鲜明对比。

本次实习主要考察了3个位点（图1）。从不同角度去观察、认识水东港沙坝－潟湖海岸的各个组成部分，并认识人类活动对水东港沙坝－潟湖海岸的影响，对沙坝－潟湖体系有了一个整体的认知。

续表 5－2

2. 水东湾沙坝－潟湖海岸的特征

2.1 地貌特征

水东湾沙坝－潟湖海岸主要由沙坝、潟湖、潮汐汊道、涨潮三角洲、落潮三角洲等地貌单元构成，各地貌单元相互依存、相互作用，彼此处在动态平衡之中。其中，潟湖面积约为 32 km^2，湾顶无大河注入，海湾北边为地势平缓的侵蚀－堆积台地；潟湖内还广泛分布着泥坪，为淤泥质的潮成浅滩；潮水在向岸运动过程中，水深变浅，底摩擦作用使波能衰弱，底质泥沙在潮水的扰动下形成了以极细砂为主的沉积环境[1]。

海湾南边为规模宏大的海岸沙坝，其上有晏镜岭、虎头山和尖岗岭等变质残丘，由新（全新世）和老（晚更新世）海积－风积物组成；湾口以西至晏镜岭的沙坝长 9 km，宽 2 ～ 3 km，呈北东－南西向展布；湾口以东至博贺的沙坝长 13 km，宽 2.4 ～ 4.4 km，延伸方向近乎东－西向[1]。沙坝在潮汐通道处建有丁坝，能够汇聚波能，还能拦截泥沙输运，防止沙坝进一步发育导致潮汐汊道闭合。

水东湾的沙坝－潟湖海岸由于潮汐通道和落潮三角洲所具有的岬角效应，使得该段海岸成为典型的螺线型弧形海岸；又由于常浪向为 ESE 向，切线段位于海湾西侧，而弧形遮蔽带及潮汐汊道则位于海湾东侧[2]。于水东湾沙坝－潟湖海岸而言，顺直式的岸段属于弧形海岸基本组成中的切线段和过渡段。

2.2 水动力特征

本区域无大河注入，影响本岸段的主要动力因素是潮汐和波浪。水东湾沙坝－潟湖海岸的动力结构为：①潟湖内主要由潮汐动力控制。②通道口外两边的沙坝沿岸带发育了砂质海滩，是著名的中国第一滩。学者利用浪控作用指数 K 作为海岸动力因子探讨华南各砂质海滩的动力地貌特征，得到水东湾沙坝－潟湖海岸为浪控海岸。③而在通道口及其外侧的落潮三角洲区域则受到潮汐和波浪的交互作用，为混合能作用范围[2,3]。

2.2.1 潮汐特征

海区内潮汐为不规则半日潮，一天之中有两次较充分的水体交换，潮差大，纳潮量大，潮汐汊道内的水流流速也较大。因此，在潟湖内的水质还是较为清澈的。潮流运动的基本形式是往复流，涨潮流向为西偏北，落潮流向为东偏南，潮汐通道

续表5-2

处流向和通道方向平行。于落潮三角洲而言，其中心区为落潮优势，具湍流喷射扩散特性；而喷射流两侧属于补偿流影响区，为涨潮优势[3]。

2.2.2　波浪特征

本区域以风浪影响为主，涌浪为次。观察到由于潮汐汊道的阻隔作用，潟湖内也是（局部性）风浪为主。常浪向为ESE向，频率为82.6%；另有SE向浪，频率为17.2%；SSE向浪，频率为0.2%[3]。波浪对潮汐通道以内影响很小，主要影响口门以外的区域，如拦门沙区域和外沙坝；在拦门沙区存在“岬角效应”，波浪动力会从相反方向抑制落潮三角洲中心区域湍流的喷射，在此处入射波能在射流末端辐聚，其两侧波浪折射辐散[3]；在外沙坝区域，观察到该部分的波浪作用方向基本与海岸线垂直，说明沿岸大部分属于弧形海岸的切线段。

2.3　泥沙输运特征

潮汐通道内以潮流作用为主，泥沙沿着潮汐通道被搬运，潮流中携带的悬浮泥沙很少，潮道中的泥沙运动以底砂运移为主。在沙坝靠外海一侧以波浪动力作用为主，泥沙沿岸搬运。由于常浪向为ESE向，通道东侧净输沙方向向西，搬运的物质以细砂为主。通道西侧的浅滩区，ESE常波向浪在此发生绕射折射，沿岸泥沙主要自西向东形成“反向沙嘴”。在拦门沙区域，波浪和潮流共同控制泥沙的运动，泥沙转移方式为混合转运，但以潮流转运为优势，则从东向西和从西向东进入通道的沿岸输沙都会通过落潮喷射流搬运到拦门沙区域，由于拦门沙的“岬角效应”，泥沙搬运后会形成呈E-W走向并向陆凹入的新月形浅滩（即“冲流坝”），这是外坝泥沙向下波侧转运并横向向陆运动的产物[3]。

2.4　垂向沉积特征（分析沙滩剖面）

根据李春初等的研究，由晏镜村—炮台—港口—横山一线以北的沙坝，大部分为晚更新世“老红砂”，整个沙坝超覆在晚更新世中期的古潟湖沉积之上。而西部的“老红砂”呈北东-南西向分布的风成沙丘，也同样超覆在晚更新世中期的古潟湖沉积或古洪积沉积之上。而这巨大规模的沙坝，是以冰后期海侵时波浪作用下向陆地搬运的古海岸砂作为基础的，其特点是规模宏大，具有超覆沉积构造[1]。

水东湾的西侧沙坝的中段有砂质海滩，岸线平直。由于泥的休止角比沙的休止角小，滩面平缓，水东湾是著名的中国第一滩。海滩在潮间带近海一侧呈深灰色，以淤泥为主；潮间带的中间呈浅灰色，为大量粉沙和淤泥的混合带；过渡到潮上带

续表 5－2

后呈黄色，是风成沙丘。经过测量，该海滩朝西南向，潮间带处可测量的宽度为 137 m，前滨坡度约为 2°。

分别在前滨、后滨、潮上带挖了约 1.5 m 见方的剖面，以其大致推测该海滩的历史和地貌形成不同时期的动力作用情况。前滨、后滨、潮上带的剖面分别为 A、B、C 剖面。

A 剖面（图 1）为下至海平面地下水位的基准面，高约 25 cm，自下而上大致分为 2 层。

5 cm 及以下，深黄色粗砂层，主要由粒径较粗的砂质组成，分选性较差。

5 cm 以上且不大于 8 cm，泥沙互层，主要由淤泥质和粒径较细的细砂相互掺杂泥而成。

8 cm 以上且不大于 25 cm，泥质层，主要由灰色淤泥质组成，深度较厚。

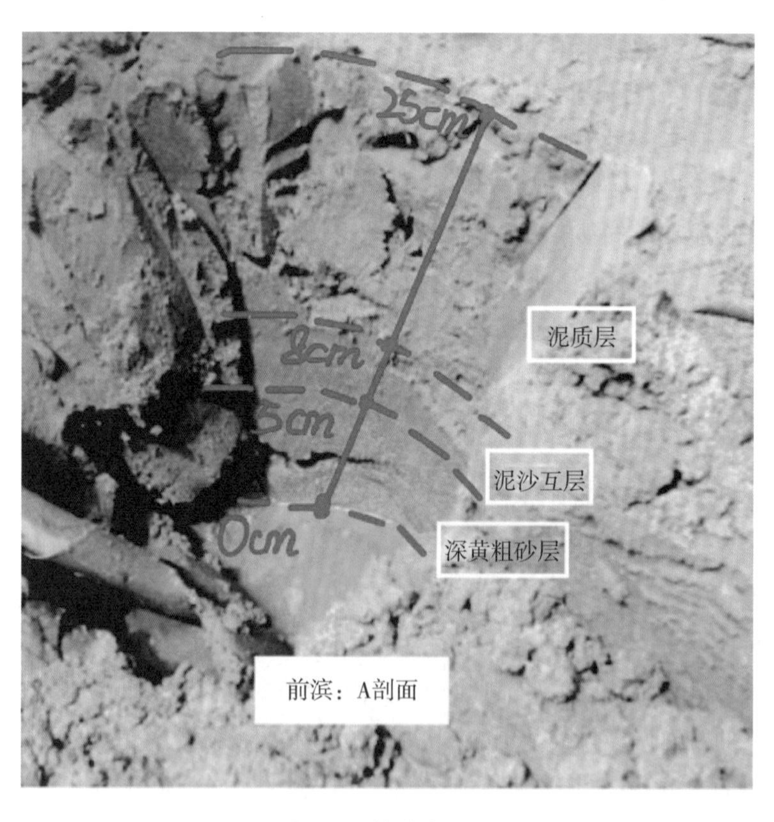

图 1　前滨剖面

续表5－2

B剖面（图2）下至海平面地下水位基准面，高约67 cm，自下而上可以细分为5层。 26 cm及以下，灰色泥质层，掺杂几层薄薄的细砂，由淤泥质组成。 26 cm及以上且不大于44 cm，灰黄细砂层，掺杂几层薄薄的淤泥，主要由粒径较细的细砂组成，分选性一般。 44 cm以上且不大于47 cm，黄色粗砂层，主要由粒径较粗的砂质组成，分选性较差。 47 cm以上且不大于60 cm，灰黄细砂层，较第2层的颜色浅，也掺杂几层薄薄的淤泥，主要由粒径较细的细砂组成，分选性一般。 60 cm以上且不大于67 cm，风成细砂层，为浅黄灰色，主要由粒径很细的粉砂质组成，分选性较好。 C剖面（图3）为下至海平面地下水位基准面，高约88 cm，自下而上可以细分为6层。 10 cm及以下，泥质层，由淤泥质组成。 10 cm以上且不大于19 cm，浅黄色细砂层，主要由粒径较细的细砂组成，分选性一般。 19 cm以上且不大于40 cm，很厚的泥沙混合层（泥质层），主要由淤泥质和细砂组成。 40 cm以上且不大于50 cm，植物根系层，植物根系主要分布在这一层。 50 cm以上且不大于77 cm，灰黄色细砂层，颜色较浅，掺杂几层薄薄的淤泥，主要由粒径较细的细砂组成，分选性一般。 77 cm以上且不大于88 cm，风成细砂层，为浅黄灰色，主要由粒径很细的粉砂质组成，分选性较好。 对沙滩剖面的分析如下。 该海滩的性质和实习时去的十里银滩的不同点在于：该海滩具有很厚的泥质层，特别是在前滨段，沙滩已经被厚达20 cm的淤泥层覆盖，说明淤泥来自潟湖，而且潟湖已经严重地影响该海滩的性质，使该海滩的泥质化越来越严重。和漠阳江河口处挖的海滩剖面的不同点在于该海滩几乎没有或只有比较薄的粗砂层，而漠阳江河口有较厚的粗砂层，说明该海滩没有河流输入的影响。对于该海滩剖面中较厚的泥沙混合层，说明在形成这一层的时候，在较短时期内有不同的主导因子作用，

续表 5-2

如高强度但短期的风暴等极端天气的影响；具体的年代需要通过测年才能得知。

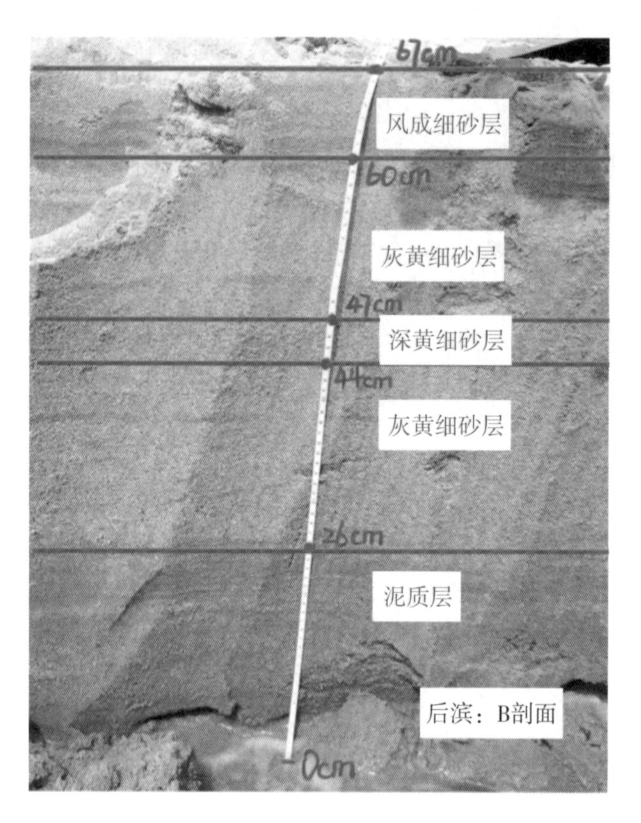

图2　后滨剖面

3. 水东港沙坝－潟湖海岸的稳定状态

3.1　根据弧形海岸的特征判断海岸的稳定状态

戴志军等[4]通过计算华南地区 34 个典型弧形海岸的分维数，并分析不同形态海岸的动力、泥沙及地貌特征，提出基于岸线类型的海岸稳定和平衡形式分类。

（1）侵蚀型的动态平衡，该类海岸岸线分维数小于 1.165，属于正动态平衡岸线，海湾泥沙供给能力小于侵蚀能力。

（2）极端平衡，该类海岸岸线分维数等于 1.165，属于极端平衡岸线，海湾的泥沙供给能力等于可侵蚀能力。

续表5-2

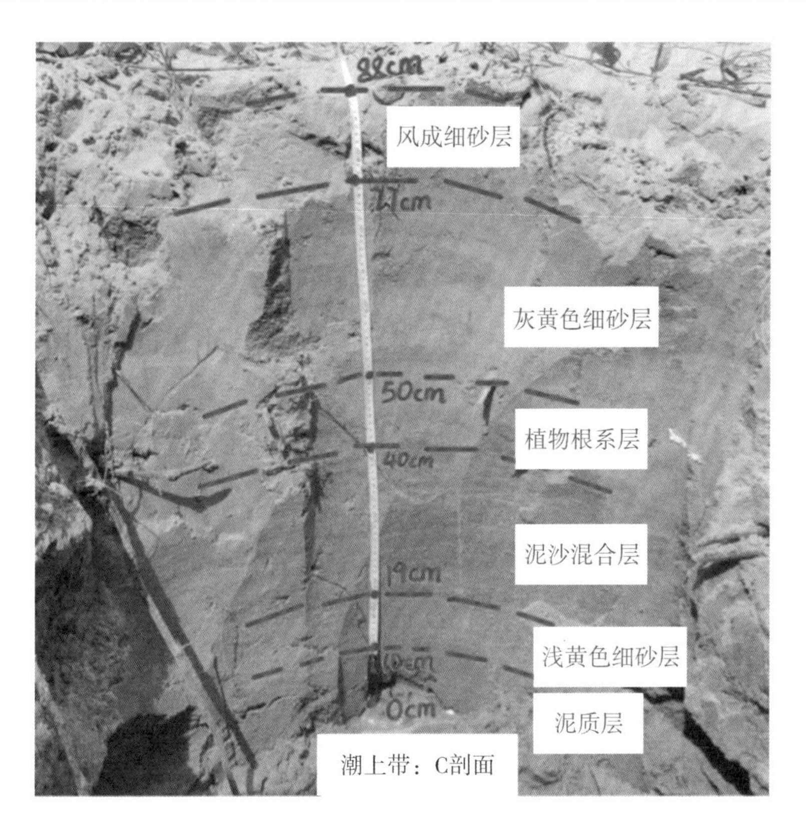

图3 潮上带剖面

（3）淤进型的动态平衡，该类海岸岸线分维数大于1.165，属于负动态平衡岸线，海湾泥沙供给能力大于可侵蚀能力。由于水东湾的岸线的分维数为1.202，大于1.165，则该海岸处于淤进型的动态平衡中。

淤进型海岸的特点为：波浪以绕射为主，常波向线与湾顶岸线成钝角相交；海岸线的凹入度超过极端平衡线的凹入度，即岸线向内凹入的空间大，波浪在该空间绕射的回旋余地多，导致湾顶发育反向沙嘴[5]，这和水东湾沙坝－潟湖体系的年净输沙的方向一致。

3.2 根据其他因子来判断海岸的稳定状态

经前人的大量研究，潮汐汊道的稳定性取决于多种因素，如潮差、纳潮面积与形态、海底泥沙特性、运移泥沙的沿岸能量、外海进入波能、泥沙源地等。此处重

续表 5－2

点利用纳潮量 P、通道口门面积 A、道口外沿岸泥沙运动总量 M 来判断潮汐汊道的稳定性。

1931 年，O'Brien 提出通道口门面积 A 和纳潮量 P 之间的关系：$A = CP^n$，其中，C、n 为系数，在不同的地区有不同的数值。因为纳潮量会影响通道中潮流的流速，如果通道断面处的最大流速小于泥沙的启动流速，通道就会在潮流的沉积作用下逐渐淤积，所以对于稳定的潮汐通道，其大潮最大断面的落潮平均流速必须大于 1.0 m/s（通道内泥沙的启动流速）[6]，则纳潮量也相应地有最小值。当纳潮量 P 小于这个最小值，就会导致体系不稳定。

1940 年，Escoffer 提出利用临界断面面积 A^* 来判断通道的稳定性：当通道面积 A 大于 A^* 时，当 A 减小时将导致口门外断面的平均最大流速 U 增加，从而使 A 趋于增大，这时的通道处于稳定状态；当 A 小于 A^* 时，摩擦效应影响逐渐增大。A 的减小会导致 U 的减小，使得 A 进一步减小，这时的通道处于不稳定状态。

1978 年，Bruun 通过对西欧和美国的潮汐汊道的分析，提出潮棱体 Ω 和平均泥沙流数量 M 的比值来判断潮汐通道的稳定性。当 Ω/M 大于 300，泥沙由潮流越过，不参与海岸泥沙运动，通道稳定；当 $\Omega/M < 100$ 时，泥沙由沙坝越过，参与海岸泥沙运动，通道不稳定。

另外，还可以根据潮汐汊道的涨落潮历时和涨落潮流速不对等的特性，将潮汐汊道分为涨潮优势和落潮优势。其中，落潮优势的潮汐汊道有利于汊道口门稳定性的维持[6]。

4. 讨论人类活动对水东湾沙坝－潟湖体系的影响

随着社会经济的快速发展，人类活动对沙坝－潟湖体系的干扰越来越严重。近 100 年来，特别是近期世界上此类海岸消亡的数目明显增加，现存的沙坝－潟湖海岸也处在脆弱的动态平衡之中[7]。人类活动极大地加速自然状态下沙坝－潟湖海岸的衰亡。例如，小海沙坝－潟湖体系曾是一个稳定的系统，但是 20 世纪 80 年代以来太阳河改道工程北堤修筑工程及盐墩三岛潮滩围垦及网箱养殖，破坏了口门维持的潮汐动力特性，使小海沙坝－潟湖潮汐汊道体系失去自我调整作用，导致口门的迅速萎缩，潟湖内淤积严重，纳潮面积减小，水体交换能力差，水质变坏。

于水东港的沙坝－潟湖体系而言，1967—2007 年，由潮滩围垦引起的潟湖潮滩面积减小达 7.47 km^2，而由淤积所造成的潮滩面积增加仅为 1.15 km^2。大面积

续表5-2

的潮滩被开辟为居民地、盐田、鱼塘等，直接导致潟湖潮滩面积减小到27.44 km^2。陈浩利用水边线的变化来分析沙坝-潟湖体系的冲淤变化。1999—2004年，潟湖内发生大面积的淤积，纳潮量也自然大幅度地降低。推测其原因是当地居民的大面积围垦、人工养殖（图4和图5），以及对潮汐汊道不合理的开发利用所导致的。

图4　水东湾的水产养殖（观测点3）

对潟湖和潮汐汊道进行大面积围垦后，潟湖的纳潮量大大减小，通道的潮汐动力被削弱，涨潮时的漫滩流速和落潮时的归槽流速减小，使得涨、落潮流对口门的冲刷能力逐渐降低，潟湖、通道逐渐淤积，纳潮量和口门断面都减小。另外，在潮汐汊道处修建的码头（图6）也阻碍水流的运动，影响潟湖与外海的水体交换，导致水体质量下降。

5．结语

整个水东湾沙坝-潟湖的演变过程中，人为因素居于主导作用。在当前海平面上升的情景下，泥沙供应减少，大量泥沙被携带进入潟湖。同时，因高强度人类活动导致潟湖面积缩小，进而影响潟湖的纳潮量，导致潟湖水动力作用减弱，由此又

续表 5－2

间接影响了沙坝－潟湖海岸的演变。加之水产养殖、围垦等作用导致潟湖功能日益衰竭，加速了潟湖的衰亡，最终可能被充填成陆。因此，有关部门应采取合理的规划和科学的管理，使沙坝－潟湖海岸资源达至可持续发展。

图5　水东湾潟湖内大面积围垦（观测点3）

a—c：水东湾潟湖。

图6　水东湾的码头、桥梁工程及水产养殖（观测点1）

a：正在修建的码头和桥梁工程；b：水产养殖的蚝排、蚝架。

续表5－2

6. 致谢

9天的实习时间一转眼就过去了，我觉得在这次实习中收获满满。首先感谢实习带队的教师，带领我们仔细地进行野外考察，为我们细心地讲解知识，让我们真正地做到了知行合一。在教师耐心的教导下，我对野外实习考察充满了热情，也对自己所学的学科产生了真正的兴趣。也感谢师兄、师姐们陪伴我们进行实习，在实习过程中为我们提供细心的帮助。

参考文献

[1] 李春初，罗宪林，张镇元，等. 粤西水东沙坝潟湖海岸体系的形成演化［J］. 科学通报，1986，(20)：1579－1582.

[2] 蔡锋，苏贤泽，曹惠美，等. 华南砂质海滩的动力地貌分析［J］. 海洋学报，2005，27（2）：106－114.

[3] 李春初，应秩甫，杨干然，等. 粤西水东湾潮汐通道－落潮三角洲的动力地貌过程［J］. 海洋工程，1990，(2)：78－88.

[4] 戴志军，李春初，王文介，等. 华南弧形海岸的分形和稳定性研究［J］. 海洋学报，2006，28（1）：176－180.

[5] 陈浩. 粤西水东湾沙坝－潟湖海岸近期变化研究［D］. 上海：华东师范大学，2011.

[6] 郑金海，彭畅，陈可锋，等. 潮汐汊道稳定性研究综述［J］. 水利水电科技进展，2012，32（3）：67－74.

[7] 戴志军，施伟勇，陈浩. 沙坝－潟湖海岸研究进展与展望［J］. 上海国土资源，2011，32（3）：12－17.

5.2.3 报告样本3：南渡江河口三角洲地貌特征及人类活动影响

报告样本3：南渡江河口三角洲地貌特征及人类活动影响如表5－3所示。

表5－3　南渡江河口三角洲地貌特征及人类活动影响

1. 绪言

中山大学海洋科学学院师生于2019年7月16日对南渡江河口三角洲附近进行了野外实习。南渡江河口三角洲主要位于海南省海口市，对海口市的航运及沿岸旅游业的发展有着重要作用。南渡江发源于海南省白沙黎族自治县南开乡南部的南峰山，干流斜贯海南岛中北部，流经多个市县，最后在海口市美兰区的三联社区流入琼州海峡，并形成河口三角洲。

从卫星地图上看，南渡江主要在海口市形成入海三角洲，入海时分为西边的支流河道以及东边的主河道。南渡江主分流河道均注入琼州海峡，分流河道畅通但宽度较窄，且其入海口的东岸有波浪作用引起沿岸泥沙搬运形成沙坝，而没有形成向内弯曲的沙嘴。时间增长，极端天气加强泥沙搬运作用而径流量不足，分流河道口门极有可能被沙坝封盖，形成废弃河道。南渡江主河道宽度较大，而由于东岸的泥沙沿岸搬运，形成狭长的沙坝和海岸线。但是，主河道入海口处形成向内弯曲的沙嘴，一定程度上阻止沙坝的向西的继续生长。

本次实习主要考察南渡江主河道东岸地貌特征及在其沙坝上分别采样进行剖面分析。

南渡江是海南最大的河流，全长333.8 km，比降0.72‰，总落差703 m，流域面积7033 km^2，由于落差大以及流域面积广阔，南渡江在注入琼州海峡所形成的三角洲有其特殊的地理特征，主要包括潮汐汊道、沙坝、沙嘴、拦门沙坝等。

2. 南渡江河口主要地貌

2.1　潮汐汊道

潮汐汊道是海洋伸向陆地的由于涨落潮往复运动保持水畅通的汊道。由此可知，由于南渡江直接注入琼州海峡，三角洲附近水域同时受河流的径流及海上的潮汐作用的影响。在丰水期，河流径流与海有更直接联系，三角洲附近水域内水不咸不淡，具有一定的河口性质。而在枯水期，河口三角洲水域由潮汐汊道来控制，主要受潮汐作用的影响，水质主要为咸水，体现潟湖的特征。而且由于河道上游的径流量不足，越往琼州海峡，河流的水质会越咸，可看出潮汐汊道在枯水期对于南渡江河口三角洲水域的影响。

续表5－3

2.2　沙坝、沙嘴、拦门沙坝

南渡江河口三角洲位于海口市，地处低纬度热带边缘，属于热带海洋性气候，春季温暖少雨干旱，夏季高温多雨，秋季多台风暴雨，冬季冷气流侵袭时有阵寒；常年以东北风和东风为主，并在夏秋季伴有热带气旋影响。因此，在台风等极端天气加之近海处的潮汐作用，海里泥沙波浪作用被带至近岸且受常年风向而向西堆积，久而久之形成沙坝。以南渡江主河道为例，波浪作用以及风向风力引起的泥沙沿岸堆积形成自东向西的狭长沙坝，并且还在不断发育。南渡江河口三角洲平原大致以南渡江干流为界，以西为大面积的废弃三角洲平原。东部海岸垂直，沙坝高度一般低于10 m；西部海岸发育弧形沙坝，沙坝高度一般低于3 m[1]。

沙坝对于三角洲的意义体现在养殖、旅游、交通运输上：①沙坝的存在割断了海与内河的大面积交汇，河口处提供了天然的港口，为船只提供停靠点使得交通运输业发展得更好。②沙坝可以抵挡潮汐及波浪作用和阻止极端天气时海水对于内陆围湖的影响，使得沙坝后方的内陆可以发展生态产业，带动当地鱼塘养殖及红树林等生态作物的生长。③沙坝提供开阔的海景，可以在沙坝地区进行旅游业和房地产业的发展，在南渡江主河道的西岸已经开发房地产，建起楼房。但是，倘若沙坝一直向西岸发育，会把南渡江主河道封闭，造成巨大的经济损失[2]。

但是，南渡江的主河道当前并没有形成废弃河道的风险，原因在于在主河道东岸向西边延伸的沙坝到口门处发育成为弧形的沙坝，即沙嘴地貌[3]。在波浪作用下的沿岸沙砾流，由波能较高的岸段向波能较低的岸段堆积，沿岸向西边堆积的沙砾流在口门处受较大的波浪作用影响，向内弯曲形成沙嘴地貌。沙嘴的向内弯曲说明，自东向西的泥沙搬运在口门处明显减缓，使沙坝不能往西长，保证南渡江的径流。但是沙坝的形成不能把主河道封闭取决于波浪产生的沿岸搬运形成沙嘴的作用和河流、潮汐的作用。倘若波浪作用的泥沙搬运作用更强，则口门仍有可能被封闭形成废弃河道。资料显示，在主河道东岸上游处筑有少量丁坝工程，丁坝又被称为“挑流坝”，是与河岸正交或斜交深入河道中的河道整治建筑物。丁坝是广泛使用的河道整治和维护建筑物，其主要功能为保护河岸不受来流直接冲蚀而产生掏刷破坏。同时，它在改善航道、维护河相及生态多样性方面发挥作用。它能够阻碍和削弱斜向波和沿岸流对海岸的侵蚀作用，促进坝田淤积，形成新的海滩，达到保护海岸的目的。丁坝的存在可以使主流远离岸堤，既防止波岸冲刷又改变河道流势，使得沿岸泥沙搬运减缓，一定程度上对沙坝的延缓发育起到积极作用。

续表 5 - 3

在主河道入海口处，河流径流的淡水流与海向内河的咸水流进行交汇，即河流入海、盐水入侵。由于密度不同，波浪作用使咸水流所携带的泥沙受淡水流影响会堆积，在口门处形成拦门沙坝，并使得附近水域出现层化现象。拦门沙坝在普遍河流的入海口都会存在，但是波浪作用携带的泥沙增多会形成水下浅滩，久而久之随着泥沙的增多，会阻塞航道交通甚至封闭河道。

3. 南渡江主河道东海岸剖面分析

南渡江主河道东岸沙坝处的海岸弧度小、滩面宽平，在沙坝后部有根系制备的分布，如图 1 所示。4 班分别在沙坝纵向挖取 4 个 1 m 见方剖面，以期来分析主河道海滩地貌形成不同时期的动力作用情况。从滩肩到以前形成的后滨区域的 4 个剖面，记为滩肩剖面 A、后滨剖面 B、沙丘剖面 C、沙丘后侧剖面 D，如图 2 所示。

图 1　南渡江主河道东岸沙坝采样点

（1）剖面 A 为挖至水面基准的位置，深度为 90 cm，自上而下分为 2 层。

0 cm 以上且不大于 25 cm，黄棕色粗砂层，由较大的砂质颗粒构成，分选性较差。

25 cm 以上且不大于 90 cm，白灰色细砂层，总体是细小沙砾构成，分选性良好，但少部分区域有直径较大的颗粒构成的沙砾线。

与剖面 B 相似，剖面 A 由于更接近海，受极端天气作用的影响更甚于风力搬运的影响，因此，不存在表层根系，由于极端天气从海源带来的大颗粒沙砾堆积形成粗砂层。细砂层的形成是由于更长时间波浪作用的影响，因此，细砂层的范围比剖面 B 中的要大。至于沙砾线的出现可能是由于历史上极端天气带来的大颗粒沙

续表5-3

砾沉积，后有洪水径流带入细砂泥沙等小颗粒堆积再加以波浪作用引起沿岸细小沙砾的堆积共同作用形成，体现的结果便是小区域内的二元结构。

a

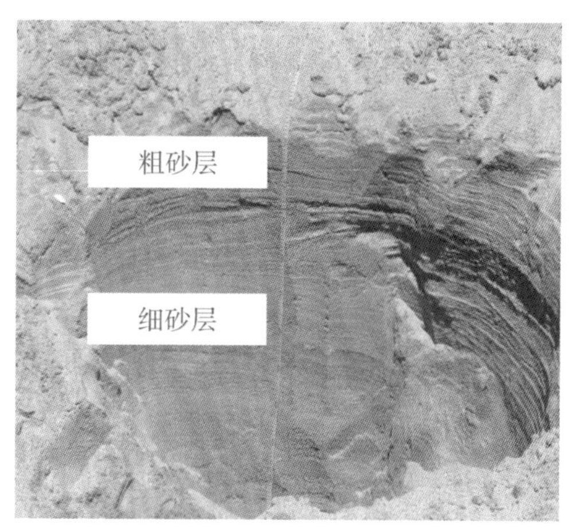

b

c

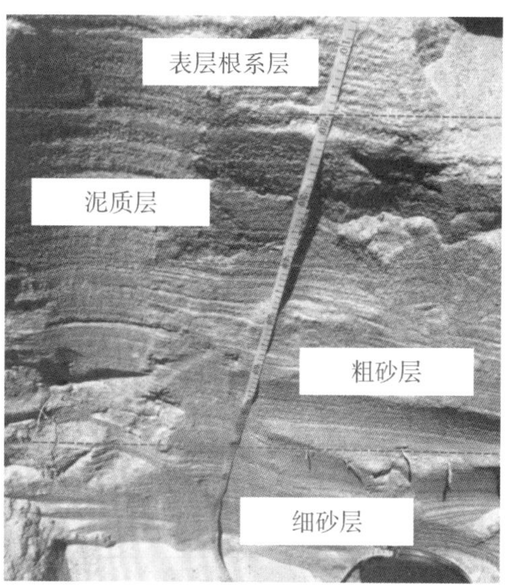

d

图2　南渡江主河道东海岸剖面

a：剖面A；b：剖面B；c：剖面C；d：剖面D。

（2）剖面B深度为110 cm，与上述两个剖面差异较大，自上而下分为2层。18 cm及以下，黄棕色粗砂层，由较大颗粒砂质构成，可以看到直径大的颗

续表 5－3

粒，分选性差。

18 cm 以上且不大于 110 cm，白灰色细砂层，分选性良好。

由于剖面 B 位于海滩后滨，受到波浪作用与极端天气的影响更为严重，所以即使有风力搬运形成的表层砂质堆积作用也会明显比台风、风暴潮所引起的大颗粒堆积的作用弱。而细砂层的形成得益于泥沙的沿岸堆积，波浪长时间作用对大颗粒的砂质物质进行磨圆削小，体现出较大范围的细砂层结构。

（3）剖面 C 与剖面 D 情况大致相同，仅缺少泥质层，深约 90 cm，自上而下可分为 3 层。

26 cm 及以下，黄灰色粉砂层，主要由小粒径粉砂物质构成，分选较好，含有较多植物根系。

大于 26 cm 且不大于 40 cm，黄棕色粗砂层，由颗粒大的砂质构成，分选性差。

大于 40 cm 且不大于 90 cm，白灰色细砂层，颗粒细小，分选性好。

表层黄灰色粉砂层由于近岸风力作用或洪水期陆源带入细砂、泥沙使粉砂堆积，并从陆地随风力带来种子在此生根发育。粗砂层明显体现出台风以及风暴潮等极端天气过境时，带入未经磨蚀的粉砂颗粒，造成分选性差的堆积物。细砂层体现出波浪作用在历史上长期对砂质进行磨蚀磨圆，形成范围较深的、分选性好的堆积物。

（4）剖面 D 深约 100 cm，自上而下可分为 4 层。

19 cm 及以下，黄灰色粉砂层，主要由粒径较小的粉砂物质构成，分选较好，含有少量植物根系与垃圾。

19 cm 以上且不大于 40 cm，深棕黄色泥质砂层，由混入少量水分的粉砂物质构成，分选性差。

40 cm 以上且不大于 80 cm，浅棕黄色粗砂层，主要由粒径较大的砂质构成，分选性较差。

80 cm 以上且不大于 100 cm，灰白色细砂，分选性较好。

表层含有根系的黄灰色粉砂层是由于海岸受季风等影响或在洪水期从陆源搬运细小泥沙而覆盖形成。风力均匀，致使堆积物粒径小、分选好。泥质砂层则是因为沙丘后侧的海湾带入水分对当时砂质沉积进行影响，因此看到堆积物颗粒大小不均、分选性差。粗砂层的形成主要由于台风、风暴潮等极端天气带进海洋中的泥沙在沙坝上堆积。因为作用时间长、强度大，所以此层主要由较大颗粒的砂质构成，

续表5-3

分选性较差。细砂层的形成是由于长期的波浪作用，使得沙砾不断被削小磨圆，形成颗粒小、分选性好的堆积物。

比较4个剖面，可知越靠近海的海滩区域，受到波浪作用形成细砂层的范围就越大，遭受台风、风暴潮等极端天气的影响也就越强，剖面底面两层的结构与所占比例几乎都有相似之处。沙坝沿岸泥沙堆积是一个漫长的过程。它不仅仅是横向地发育，它还会纵向地生长。可以推断，剖面C在历史上是海滩的前滨，剖面D所在的区域在历史上是海滩的后滨。随着沙坝的纵向生长，这两个区域砂质堆积受到风力搬运的作用会明显增强，从而在粗砂层之上堆积的泥质层和表层植物根系。

4. 南渡江河口的稳定状态以及治理方法

南渡江三角地貌的发育与沙坝的形成密不可分，沙坝的发育虽然给三角洲区域带来独特的自然环境，拦截了海上极端天气所带来的影响，但是它的过度发育也会导致河道径流的堵塞，严重时会导致河道的废弃。保持南渡江主河道河口的稳定性的注意事项为：①减缓东岸沙坝继续向西发育的趋势。②减少对河沙的不合理开发以保证南渡江三角洲地貌的维持。③控制拦门沙坝的生长，维持河口拦门沙水道水深，避免主河道堵塞。

在控制沙坝的向西发育上政府部门可以做到的是：①顺势而为，顺应自然规律，尽量不围海造陆，以免加剧河道口门被封闭的风险。②在岸滩上游地段可以建筑丁坝等工程，不仅可以阻挡相当大部分泥沙的沿岸堆积，还可以聚集波能，减少波浪作用所带来的危害[4]。

作为海口市重要的三角洲区域，近年来随着城市建设发展，由于城市建筑用沙主要来自附近南渡江河床，河沙的大规模、不合理开采造成环境恶化问题引起人们的普遍关注。提示：①南渡江的年输沙量随着年份的增加而有下降的趋势，这与人们不合理开采河沙不无关联。河沙的过度开采首先会导致河床的河深，河床的加深会引发地下水位的降低，加大咸水倒灌风险，对三角洲区域农作物生长、居民日常生活造成极大影响。②在河曲的凹岸处采沙还会导致河堤或河岸上土地承接力不足，久而久之会形成河岸坍塌，河岸公路、房屋面临着被冲毁的风险。③不合理的过度集中采河沙会导致河床面起伏不平，严重影响排洪以及河流径流的稳定性。

防止过度开采河沙可做到措施有：①政府加强相关管理，制定出顺应自然的河沙开采方案。②采河沙的过程中可以结合河道整治，开采河沙的附近可以建筑石堤

续表 5 - 3

来稳定河岸。③合理布局采河沙点，不过度集中，并积极寻找新可利用沙源。

表 1　南渡江输水和悬移质输沙量变化[1]

年份	平均流速/$m^3 \cdot s^{-1}$	平均含沙量/$kg \cdot m^{-3}$	年径流量/亿立方米	年输沙量/万吨	备注
1956—1959	193.8	0.109	61.11	68.06	1959 年，建成松涛水库。
1960—1968	162.2	0.081	51.16	52.10	1969 年，建成龙塘滚水坝
1969—1982	149.5	0.049	47.16	32.07	
1983—1988	151.0	0.039	50.73	20.25	
1989—1997	181.2	0.038	57.14	23.20	
2006—2008	147.2	0.025	46.42	19.27	

参考美国密西西比河口治理经验[5]，对于南渡江主河道河口拦门沙坝发育的控制，可以在沙嘴向内河的一侧筑小型丁坝群导流，增加入海方向分流量以抵消口门约束的影响。三角洲东岸筑丁坝约束水流、增加流速，使河口拦门沙坝上的水深得以维持。

5. 结语

这次的实习包括实习指导、野外考察和实习撰写三部分内容。通过教师的讲解，学生对基岩海岸、沙质海岸、沙坝潟湖海岸、特殊河口湾海岸、三角洲海岸地貌等不同类型的海岸有了更直观的认知，先前在书本上学习的内容得到巩固，而且学习了不少只有亲身经历才能学到的新知识。在野外考察过程中，学生学习了罗盘测量方法，通过记录沉积剖面，更直观地观察沙坝的形成与发展，在此过程中也有大量需要同学合作才能开展的任务，无形之中增进他们的团结协作意识以及友谊。通过刻苦的野外认识实习，学生掌握了海岸水文与地形地貌调查的基本技能，激发了他们对海洋科学的学习兴趣。

6. 致谢

（1）感谢学院领导和各位教师的帮助和大力支持。

（2）感谢珠海阳光国际旅行社有限公司提供全程的服务。

续表5-3

参考文献

[1] 张文帅. 南渡江三角洲地貌演变研究分析 [J]. 珠江水运, 2016, (2): 93-95.

[2] 罗宪林, 罗章仁, 吴超羽. 南渡江河口区河沙资源合理开发与环境保护 [J]. 热带地理, 1993, 13 (1): 70-76.

[3] 罗宪林, 李春初, 罗章仁. 海南岛南渡江三角洲的废弃与侵蚀 [J]. 海洋学报, 2000, 22 (3): 55-60.

[4] 李春初, 田明. 海南岛南渡江三角洲北部沿岸的泥沙转运和岸滩运动 [J]. 热带海洋学报, 1997, (4): 26-33.

[5] 黄胜. 美国密西西比河口治理及主要经验 [J]. 人民黄河, 1986, (1): 70-71.

参考文献

［1］蔡锋，苏贤泽，曹惠美，等. 华南砂质海滩的动力地貌分析［J］. 海洋学报：中文版，2005，27（2）：106－114.

［2］陈浩. 粤西水东湾沙坝－潟湖海岸近期变化研究［D］. 上海：华东师范大学，2011.

［3］陈燕萍. 海南博鳌海滩表层沉积物粒度特征及其对风暴过程的响应［D］. 上海：华东师范大学，2012.

［4］程翔，赵志杰，秦华鹏，等. 漠阳江流域水环境容量的时空分布特征研究［J］. 北京大学学报自然科学版，2016，52（3）：505－514.

［5］戴志军，任杰，周作付. 河口定义及分类研究的进展［J］. 台湾海峡，2000，19（2）：254－260.

［6］冯士筰，李凤岐，李少箐. 海洋科学导论［M］. 北京：高等教育出版社，2017.

［7］高抒. 潮汐汊道形态动力过程研究综述［J］. 地球科学进展，2008，23（12）：1237－1248.

［8］葛晨东，Slaymaker O，Pedersen T F. 海南岛万泉河口沉积环境演变［J］. 科学通报，2003，48（19）：2079－2083.

［9］李孟国，杨树森，韩西军. 海南东水港水动力泥沙特征研究［J］. 水运工程，2014（6）：10－16.

［10］李守俊. 疏浚工程对碣石湾环境影响评价研究［D］. 青岛：中

国海洋大学，2011.

［11］李志强，陈子燊，杨锡良．海湾岬角附近海域沉积特征与泥沙搬运趋势研究——以阳西面前海为例［C］．热带海洋科学学术研讨会暨第八届广东海洋湖沼学会、第七届广东海洋学会会员代表大会论文及摘要汇编．2013.

［12］刘广平，何伟宏，邹晓理，等．红海湾西北海区海流特征分析［J］．热带海洋学报，2018，37（5）：44－53.

［13］路剑飞，陈子燊，罗智丰，等．广东闸坡海域潮汐特征分析［J］．热带地理，2009，29（2）：119－139.

［14］陆培东，杨健，丁家洪．海南省东水港建港工程地貌研究［J］．南京师大学报（自然科学版），1996（2）：77－85.

［15］罗章仁．华南港湾［M］．广州：中山大学出版社，1992.

［16］缪连华．螺河流域径流变化趋势及成因分析［J］．甘肃水利水电技术，2013（05）：7－9.

［17］潘中奇．南渡江河口段河网水动力特性研究［D］．天津：天津大学，2009.

［18］P. D. 柯马尔．海滩过程与沉积作用［M］．北京：海洋出版社，1985.

［19］滕建彬，沈建伟，Pedoja K．深圳西冲湾的海蚀地貌与海滩沉积研究［J］．现代地质，2007（3）：79－85.

［20］王为，黄日辉．深圳大鹏半岛海岸地貌成因及演化［M］．北京：地质出版社，2015.

［21］王为，吴超羽，许刘兵，等．珠江三角洲古今海蚀地形的高度差异及影响因素［J］．科学通报，2011，56（4－5）：342－353.

［22］王为，曾昭璇，吴正，等．广东黄圃镇海蚀遗址的形成年代及古地理环境［J］．地理研究，2005，24（6）：919－927.

［23］王文介，欧兴进．南渡江河口的动力特征与地形发育［J］．热带

海洋学报，1986（4）：82－90.

［24］王永红. 海岸动力地貌学［M］. 北京：科学出版社，2012.

［25］夏东兴. 海岸带地貌环境及其演化［M］. 北京：海洋出版社，2009.

［26］谢华亮，戴志军，吴莹，等. 海南岛南渡江河口动力沉积模式［J］. 沉积学报，2014，32（5）：884－892.

［27］熊学军. 中国近海海洋：物理海洋与海洋气象［M］. 北京：海洋出版社，2012.

［28］杨世伦. 海岸环境和地貌过程导论［M］. 北京：海洋出版社，2003.

［29］杨志宏，贾建军，王欣凯，等. 近50年海南三大河入海水沙通量特征及变化［J］. 海洋通报，2013，32（1）：92－99.

［30］赵焕庭. 华南海岸和南海诸岛地貌与环境［M］. 北京：科学出版社，1999.

［31］张帆，詹文欢，姚衍桃，等. 漠阳江入海口东侧海岸侵蚀现状及成因分析［J］. 热带海洋学报，2012（2）：44－49.

［32］张崧，孙现领，王为，等. 广东深圳大鹏半岛海岸地貌特征［J］. 热带地理，2013，33（6）：647－658.

［33］张小玲. 华南弧形海岸近期稳定性分析［D］. 上海：华东师范大学，2013.

［34］周晗宇. 海南岛海口湾、高隆湾、博鳌海滩沉积特征及地形演变［D］. 上海：华东师范大学，2013.

［35］邹志利，房克照. 海岸动力地貌［M］. 北京：科学出版社，2018.